essentials

Essentials liefern aktuelles Wissen in konzentrierter Form. Die Essenz dessen, worauf es als „State-of-the-Art" in der gegenwärtigen Fachdiskussion oder in der Praxis ankommt. *Essentials* informieren schnell, unkompliziert und verständlich

- als Einführung in ein aktuelles Thema aus Ihrem Fachgebiet
- als Einstieg in ein für Sie noch unbekanntes Themenfeld
- als Einblick, um zum Thema mitreden zu können

Die Bücher in elektronischer und gedruckter Form bringen das Fachwissen von Springerautor*innen kompakt zur Darstellung. Sie sind besonders für die Nutzung als eBook auf Tablet-PCs, eBook-Readern und Smartphones geeignet. *Essentials* sind Wissensbausteine aus den Wirtschafts-, Sozial- und Geisteswissenschaften, aus Technik und Naturwissenschaften sowie aus Medizin, Psychologie und Gesundheitsberufen. Von renommierten Autor*innen aller Springer-Verlagsmarken.

Martin Wiedemann

Mediation in der Wissenschaft

Martin Wiedemann
Deutsches Zentrum für Luft- und Raumfahrt
Braunschweig, Deutschland

ISSN 2197-6708   ISSN 2197-6716   (electronic)
essentials
ISBN 978-3-658-49021-8   ISBN 978-3-658-49022-5   (eBook)
https://doi.org/10.1007/978-3-658-49022-5

Die Deutsche Nationalbibliothek verzeichnet diese Publikation in der Deutschen Nationalbiblio-grafie; detaillierte bibliografische Daten sind im Internet über https://portal.dnb.de abrufbar.

Springer Vieweg ist ein Imprint der eingetragenen Gesellschaft Springer Fachmedien Wiesbaden GmbH und ist ein Teil von Springer Nature.
Die Anschrift der Gesellschaft ist: Abraham-Lincoln-Str. 46, 65189 Wiesbaden, Germany

Wenn Sie dieses Produkt entsorgen, geben Sie das Papier bitte zum Recycling.

Was Sie in diesem *essential* finden können

- Eine Beschreibung der Potenziale der Mediation für die wissenschaftlichen Praxis.
- Einen Überblick über die Instanzen des Konfliktmanagements in Wissenschaftseinrichtungen und deren aktuellen Stand.
- Eine Einführung in die Methoden der Mediation.
- Elemente einer mediativ organisierten Wissenschaftseinrichtung.
- Interviews mit Führungskräften aus der Wissenschaft zum Themenfeld Konflikte.

Interessenkonflikt Der/die Autor*in hat keine für den Inhalt dieses Manuskripts relevanten Interessenkonflikte.

Inhaltsverzeichnis

Kaum etwas fällt Menschen schwerer, als im Streit darauf zu kommen, sich mit ganzer Aufmerksamkeit emotional in die andere Konfliktpartei hinein zu fühlen. Falls Sie sich an einen Konflikt erinnern oder sich gerade in einem befinden mit einem anderen Menschen, dann werden Sie diese Beobachtung bestätigen können.

Diese Schwierigkeit hat jeder von uns in unterschiedlich starker Ausprägung.

Mediation ist ein methodenbasiertes Verfahren, mit dessen Einsatz solche empathischen Bewegungen aus der eigenen Betroffenheit heraus gelingen und Konfliktparteien zu nachhaltigen Lösungen kommen können.

Warum sollte Mediation in der Wissenschaft von besonderem Wert sein? Drei Argumente sprechen dafür: Kenntnisse der Mediation helfen, Wahrnehmungsverzerrungen zu vermeiden, in der Wissenschaft ist Kommunikation essentiell für die Entstehung von Ideen und Wissenschaft braucht eine gute Fehlerkultur.

Der Konfliktforscher Friedrich Glasl definiert: „Ein sozialer Konflikt ist eine Interaktion zwischen Aktoren (Individuen, Gruppen, Organisationen usw.), wobei wenigstens ein Aktor Unvereinbarkeiten im Wahrnehmen, im Denken bzw. Vorstellen, im Fühlen und im Wollen mit dem anderen Aktor in der Art erlebt, dass beim Verwirklichen dessen, was der Aktor denkt, fühlt oder will, eine Beeinträchtigung durch einen anderen Aktor erfolgt." (Glasl et al. 2012).

Der Satz ist so lang, weil Konflikte so viele Dimensionen unseres Lebens betreffen. Um das große Themenfeld einzuschränken, werden in diesem Buch nur Konflikte im mikro-sozialen, d. h. im zwischenmenschlichen Bereich und ohne Anspruch auf Vollständigkeit betrachtet. Folgende Fragen werden diskutiert: Welchen besonderen Wert hat Mediation als methodenbasiertes Verfahren in der Wissenschaft? Wie unterscheidet sie sich von anderen Konfliktinstanzen

© Der/die Autor(en) 2026
M. Wiedemann, *Mediation in der Wissenschaft*, essentials,
https://doi.org/10.1007/978-3-658-49022-5_1

wissenschaftlicher Einrichtungen? Welche Grundsätze kennzeichnen Mediation und welche Methoden stellt sie zur Verfügung? Wie sieht eine nach mediativen Grundsätzen gestaltete wissenschaftliche Organisation aus?

Grundlagen sind meine Erfahrung in der Leitung und Organisation eines Forschungsinstituts des Deutschen Zentrum für Luft- und Raumfahrt (DLR) sowie – unabhängig von dieser Leitungsfunktion – als Mediator. Zudem habe ich einige Elemente einer mediativen Wissenschaftseinrichtung an unserem Institut erfolgreich erproben können. Meine Beispiele sind eher aus dem ingenieurswissenschaftlichen Bereich, aber ich möchte für die Kenntnis und Nutzung der Methoden der Mediation in der Wissenschaft insgesamt werben.

Neben einer Argumentation für den Wert von Mediation in der Wissenschaft gibt das Buch einen Überblick über den aktuellen Stand des Konfliktmanagements an deutschen Wissenschaftseinrichtungen. Es werden einige Verfahren und Methoden der Mediation sowie Elemente der mediativ organisierten Wissenschaftseinrichtung vorgestellt, ergänzt durch Kurzinterviews mit Führungskräften aus der Wissenschaft und einer Mediatorin.

Das Buch plädiert für eine „mediative Grundhaltung" in der Wissenschaft, eine geeignete Organisation der Einrichtung und die Nutzung der Methoden der Mediation durch die Mitarbeitenden als ergänzende Werkzeuge in ihrer Arbeit.

1.1   Thesen und Gegenthesen

Meine Thesen: Eine mediative Grundhaltung von Menschen in der Wissenschaft und eine Kenntnis der Grundsätze der Mediation sowie eine dadurch gut begründete Konfliktkompetenz fördern die Forschung, machen den Einsatz von Forschungsmitteln effizienter und wissenschaftliche Ergebnisse robuster, um nicht zu sagen „wahrer". Mediation in der Wissenschaft ist dabei auch als Kompetenz zu verstehen, die gleichrangig zur fachlichen Kompetenz frühzeitig von allen hier Tätigen ausgebildet werden sollte, um die Zusammenarbeit innerhalb der Disziplinen und auch übergreifend weiter zu entwickeln und zu verstärken. Neues Wissen entsteht oft an den „Grenzflächen" zwischen fachlichen Spezialgebieten. Genau an diesen Grenzflächen entsteht neben Erkenntnis auch soziale Reibung. Konflikte sind, vergleichbar wissenschaftlichen Fragestellungen, Erscheinungen komplexer Systeme. In solchen gelten nicht einfache Ursache-Wirkungsbeziehungen. Wer den Systemansatz der Konfliktberatung kennt (Ballreich und Glasl 2019), hat auch ein gutes Handwerkszeug für die Wissenschaft in den Händen. Konfliktkompetenz erschließt potenziell neues Wissen. Die methodischen Ansätze der Mediation vermitteln diese Kompetenz.

„Man making mistakes, then seeing the right answers. Science is creative, not a mere mechanical practice." (Jacob Bronowski 1973).

„Dans les champs de l'observation, le hasard ne favorise que les esprits prepares." (Louis Pasteur 1854).

„The first principle is that you must not fool yourself – and you are the easiest person to fool." (Richard P. Feynman 1974).

Diese Zitate kennzeichnen wichtige Wesensmerkmale von Wissenschaft: Fehler und Zufälle sind Grundlagen von Erkenntnis und Selbsttäuschung ist eine ständige Gefahr.

Um den Wert gemachter Fehler wirklich zu nutzen, ist eine gute Fehlerkultur notwendig, die auf dem Vertrauen aufbaut, dass die Beobachter und Kritiker gemachter Aussagen wohlmeinend sind. Zufälle entstehen in einer offenen und wertschätzenden Kommunikation, in der nicht Stress, sondern Entspannung die Wahrnehmung anregt.

Und Selbsttäuschung kann eingegrenzt werden durch die Fähigkeit, den eigenen Standpunkt, die eingenommene Blickrichtung probehalber zu wechseln: kann der Sachverhalt auch anders aussehen?

Mediation fördert die Kommunikation, stärkt die Fehlerkultur und vermittelt Werkzeuge, die Perspektivwechsel ermöglichen.

Das sind drei Argumente für Mediation in der Wissenschaft, denen man auch Einiges entgegenhalten kann.

- Wissenschaften erarbeiten Erkenntnisse auf der Grundlage logischer Argumente, messbarer Beweise und an Versuchen validierter Modelle. Da Mediation mit anderen Grundlagen arbeitet, kann sie für die Wissenschaften nicht hilfreich sein.
- Mediation geht von der Gleichberechtigung widersprüchlicher Aussagen aus. Aber in den Wissenschaften ist etwas entweder falsch oder es ist richtig.
- Mediation befasst sich mit Bedürfnissen und Wissenschaft mit Tatsachen.

1.2 Die Sache mit der Objektivität

Sie sind ein wissenschaftlich denkender Mensch. Sie haben Ihre Tätigkeit gewählt, weil Sie festgestellt haben, dass Ihnen das klare Denken Freude macht, die Feststellung von etwas Objektivem, die Herleitung einer neuen Methode, eines neuen Messverfahrens, neuer Korrelationen, die klaren Beweise und spannenden Versuche. In der Wissenschaft steht die Wahrheit an erster Stelle. Sie kennen die

Regeln guter wissenschaftlicher Praxis und halten sich natürlich daran. Sie zitieren korrekt und schreiben alle Ihre Texte selber. Es geht Ihnen um das Verstehen von Zusammenhängen; nicht um äußerliche Erfolge. (Naja, eine Promotion wäre schon ein schöner Erfolg, aber mehr einer für das eigene Selbst.)

Nun stellen Sie fest: es geht auch um äußeren Erfolg. Wissenschaft kostet Geld und Geld erhält, wer Erfolge vorweisen kann. Es geht um den Hirsch-Faktor (Hirsch 2005). Es gibt Hierarchien in Ihrer wissenschaftlichen Einrichtung, die nicht aus Wissen und Erfahrung abgeleitet sind, sondern aus Erfolg oder anderen, nicht-wissenschaftlichen Gründen.

Sie beobachten: Kollegen teilen ihre Ergebnisse nicht mit Ihnen, wollen bei Publikationen vorne auf der Autorenliste stehen, kritisieren Ihre Ergebnisse als nicht relevant oder gar fehlerhaft, ignorieren Ihre Arbeiten in eigenen Publikationen, zitieren Sie nicht.

Vielleicht leiten Sie ein großes Forschungsprojekt und haben größte Mühe, die Ergebnisse der mitarbeitenden Kollegschaft zu einem geschlossenen Projekterfolg zusammen zu führen: Jeder macht was er will; jede verfolgt ihr eigenes „Steckenpferd". In der Zusammenarbeit stellen Sie fest, dass Termintreue relativ ist und freundlich gemeinte und formulierte Erinnerungen als Schikane oder Eskalation empfunden werden. Das wird auch nicht einfacher in internationalen Projekten.

Vielleicht sind Sie Professorin oder Professor an einer Universität oder in einer Institutsleitung. Sie empfinden Ihre Kollegen zum Teil als sehr anstrengend. Es geht viel um Geld, um Antragstellungen, um Netzwerke, Gremienmitarbeit, Verwaltung, Verträge, Rechtsfragen, Patente. Die Forschung steht im Hintergrund und Konflikte im Vordergrund.

In einer Studie aus dem Jahr 2014 zum Konfliktmanagement an Hochschulen (Hoormann und Matheis 2014) stellen die Autoren fest: Mehr als die Hälfte (52,4 %) der befragten Hochschulleitungen schätzen, dass es in ihrer Einrichtung mehrere Konflikte pro Monat gibt. Ähnliche Beobachtungen finden sich auch in den Interviews in Abschn. 4.1. Vielfältige Beispiele für Konfliktthemen, die sich in zunehmender Anzahl besonders seit Beginn des 21. Jahrhunderts in der Wissenschaft ergeben haben, werden von Joachim von Bargen genannt (Joachim von Bargen 2016).

Konflikte können sich entzünden im Team, in der Fachrichtung, in der internationalen Zusammenarbeit, der interdisziplinären Zusammenarbeit, an Ethik- und Genderfragen und im Organisationszusammenhang. Es ist nicht unwahrscheinlich, dass es in der Wissenschaft mehr Konflikte gibt als in Unternehmen, Büros, Kanzleien oder Verwaltungen. Einerseits, weil Vorgaben zur Durchführung von

Forschungsarbeiten viel weiter gefasst sind, als Vorgaben in etablierten Organisationen mit festen Abläufen. Andererseits, weil in der Wissenschaft oft erstmalige und mit ganz besonderem Aufwand geschaffene Erkenntnisse zum Konfliktthema werden.

Im Forschungsteam treffen sehr unterschiedliche Menschen aufeinander, die ihre ganz individuellen Sicht- und Bewertungsweisen mitbringen, ihren eigenen Bezugsrahmen. Und alle Teammitglieder sind zumeist selbstbewusste Menschen.

Das Erleben von persönlichen Konflikten in der täglichen Praxis verleitet auch reflektierte und selbstbewusste Menschen, die sich den objektiven Werten und Zielen der Wissenschaft verschrieben haben, dazu, Erklärungen zu suchen, die sich ähnlich rational und eindeutig herleiten lassen, wie es die Ergebnisse wissenschaftlicher Forschung sind. Joachim Tries und Rüdiger Reinhardt (Tries und Reinhardt 2008) stellen fest: „Die Innenwelt des Menschen ist nicht ‚von außen‘ ausschließlich determiniert, sie ist im gleichen Atemzug auch immer eine selbst gestaltete, eine konstruierte Welt." Und wissenschaftlich tätige Menschen sind gute ‚Konstrukteure‘.

„Ich habe einen Konflikt. Ich gehe diesen Vorgang so an, wie es sich für einen Wissenschaftler, eine Wissenschaftlerin gehört, also objektiv. Ich beobachte ganz objektiv. Ich habe glasklare Beweise für die Ursachen. Ich kann das unredliche Verhalten meines Gegenübers analytisch und aufgrund meiner genauen Beobachtungen nachvollziehbar für jeden neutral Außenstehenden darlegen. Ich habe meine Erklärung auch durch Versuche validiert. Sie alle führen zu dem gleichen Ergebnis: es sind bei meinem Gegenüber böse Absichten im Spiel. Für mich ist die Zusammenarbeit gestorben. Da wird sich auch nie wieder etwas dran ändern. Von meinen Forschungsergebnissen wird dieser Mensch nie etwas sehen; er kann sie ohnehin intellektuell nicht verstehen. Ich werde ihn komplett ignorieren. Ich werde…" So entwickelt sich der Konflikt in die nächste Eskalationsstufe.

1.3 Fehler- und Kommunikationskultur

Es kommt nicht selten zu folgender Situation: Forschende nehmen an einem Kolloquium einer Kollegin, eines Kollegen aus der gleichen Vertiefungsrichtung teil.

Sie können nicht verstehen, warum ‚der Andere‘ so falsche Aussagen macht. „Das kann doch gar nicht sein. Meine Messungen zeigen einen ganz anderen Zusammenhang." Sie entdecken Fehler in der Herleitung und weisen darauf hin. Es kommt zu einer Konfrontation, möglicherweise in Gegenwart des Auditoriums oder des gemeinsamen Betreuers. Die Auseinandersetzung endet in Rede und

Gegenrede und dann geht man auseinander und ist schwer voneinander enttäuscht oder gar empört.

Oder Sie lesen eine Publikation und stellen fest, dass die Autorin oder der Autor Ihre Ergebnisse ‚geklaut' hat oder im Gegenteil: Sie einfach nicht zitiert, obwohl Sie doch die Grundlagen entwickelt haben! Es kommt nicht zur offenen Konfrontation, sondern ‚Sie denken sich Ihren Teil'.

Konflikte sind oft ‚kalt' (Glasl et al. 2012). In kalten Konflikten wird die Auseinandersetzung nicht zu Ende geführt, Emotionen werden unterdrückt. Man geht sich aus dem Weg. Die Kontrahenten ziehen sich zurück (Abb. 1.1).

Sie ignorieren die Vorteile der – vermutlich zumeist komplementären – Zusammenarbeit. „Warum mit jemandem zusammenarbeiten, der Tatsachen ignoriert und völlig falsche Modellannahmen macht?"

In der schon erwähnten Studie zum Konfliktmanagement an Hochschulen stellen die Autoren fest, dass auch Hochschullehrer eine Kultur der Konfliktvermeidung bevorzugen (Hoormann und Matheis 2014).

Ein Sigmund Freud zugeschriebenes Zitat lautet: „Von Fehler zu Fehler entdeckt man die ganze Wahrheit". In dem Satz sind zwei Beobachtungen enthalten. Explizit: Fehler in der Wissenschaft sind Prognosegrenzen einer Erklärung.

Abb. 1.1 Heiße und kalte Konflikte

Implizit: Eine Erklärung wird immer ‚wahrer‘, je mehr Prognosefähigkeit und Prognosegenauigkeit sie enthält.

Was gemeint ist: Wirklichkeit ist ziemlich komplex und Erklärungsmodelle zu ihrer ‚wahren‘ = ‚richtigen‘ Beschreibung sind nahezu immer auf Annahmen angewiesen. Erklärungsmodelle für Wirklichkeit sind daher allermeist nicht falsch oder richtig. Ganz oft können sie einen Teil der Wirklichkeit gut und einen anderen Teil nicht so gut beschreiben. Der Konflikt zwischen Forschenden zum Beispiel, die auf einem Themengebiet nach geeigneten Modellen, Methoden zur Beschreibung eines Sachverhalts suchen, besteht oft in der Bewertung dessen, was der wesentliche Teil der Wirklichkeit ist, den es zu beschreiben gilt.

Ganz heftig geführt wird diese Auseinandersetzung in den Lebenswissenschaften. Dort kam 2005 John P. A. Ioannidis zu der Feststellung, fast alle veröffentlichten Studien in diesem Wissenschaftsbereich seien fehlerhaft (Ioannidis 2005). Diese Publikation führte zur Etablierung von Replikationsstudien und der Open Science Kultur.

Anders als mitunter angenommen, machen Menschen in der Wissenschaft selten grobe handwerkliche Fehler. Das kann zwar auch vorkommen, aber vor einem Kolloquium oder gar einer Publikation schauen sich alle noch einmal genau ihre eigenen Herleitungen und die Plausibilität ihrer Aussagen an.

Eine offene und ehrliche Fehlerkultur in der Wissenschaft meint das Gespräch, den Diskurs darüber, was hinter den Modellen und Berechnungen als wesentliche Aspekte der beobachteten Zusammenhänge bzw. Wirklichkeit verstanden wird. Da werden in Argumenten und Gegenargumenten die Gültigkeitsgrenzen von Modellen, die Eignung von Messverfahren oder die Bedingungen der Versuchsanordnung ausgetauscht und die Teilnehmer ziehen Schlussfolgerungen, die eine vollständigere Beschreibung der beobachteten Sachverhalte und eine qualitativ umfassendere Aussage zu den Ursachen und Wirkungen ermöglichen. So eine Fehlerkultur macht Forschung besser und nicht selten auch effizienter.

Im kalten Konflikt wird nicht über die Grenzen, die Gültigkeiten oder die Eignungen von Modellen, Methoden, Versuchsanordnungen gesprochen, nicht über die unterschiedlichen Annahmen für das Wesentliche. Jeder macht für sich weiter und verwendet möglicherweise noch Zeit auf Beweise für die Fehlerhaftigkeit der anderen Partei.

Mediative Haltung in der Wissenschaft bedeutet, sich der Bedingungen bewusst zu sein unter denen wissenschaftliche Aussagen entstehen: Es gibt immer Annahmen und Sichtweisen auf die Wirklichkeit, die unterschiedlich ausgeprägt sind. Ein eindeutiges ‚Richtig‘ oder ‚Falsch‘ ist in den allermeisten Fällen nicht gegeben. Eine mediative Haltung anerkennt die Komplexität des Systems, in dem sich Forschung bewegt.

Neben der Fehlerkultur ist auch – und oft als deren Bestandteil – die Kommunikationskultur in einer Wissenschaftseinrichtung durch kalte Konflikte betroffen. Der zweite Grundpfeiler guter Wissenschaft ist der Zufall. Und der tritt gerne ein im Gespräch. ‚Über die allmähliche Verfertigung der Gedanken beim Reden‘ nannte 1806 Kleist einen Aufsatz (Kleist 1806). Das ist in jeder Kaffee- oder Teeküche eines Büros, eines Betriebs oder auch einer Wissenschaftseinrichtung zu beobachten: man trifft auf weitere Erfrischung-Suchende, tauscht sich aus, teilt mit, was einem so gerade im Kopf herumgeht oder was man gerade beobachtet hat. Und zufällig kommt es zu einer Verbindung unterschiedlicher Erfahrungen, Sichtweisen und Meinungen und es entstehen neue Gedanken, neue Ideen.

Wenn Konflikte nicht bearbeitet und aufgelöst werden, wird die Kaffeeküche nicht mehr aufgesucht oder man spricht dort nicht mehr miteinander. Wird die Kommunikation unterbrochen, kommt es zu keinen zufälligen Ideen mehr.

Ein möglicher Indikator für die Entstehung neuer Ideen dank Kommunikation sind Erfindungen. Einer sehr interessanten Studie aus den USA zufolge, die ein Jahr nach Beginn von Corona erschien, nahm durch eine um 25 % reduzierte Zahl der persönlichen Treffen von Mitarbeitenden der großen Tech-Firmen die Anzahl von Patentanmeldungen im Silicon Valley um 8 % ab. Waren 25 % der Mitarbeitenden im Home-Office, gab es 17,5 % weniger ‚face-to-face meetings‘ und die Zahl der Patentanmeldungen ging um 5,2 % zurück. Waren 50 % der Belegschaft im Home-Office, reduzierte sich die Zahl der persönlichen Treffen um 35,1 % und die Zahl der Patentanmeldungen sank um 11,8 % (Atkin et al. 2022).

Inzwischen wird allgemein davon ausgegangen, dass der Wert persönlicher Treffen gegenüber Online-Besprechungen vor allem in dem mehr zufälligen Austausch von Gedanken, Erfahrungen und Sichtweisen besteht. Informationen können online ausgetauscht werden, Gedankenaustausch ist effektiver in Präsenz.

Ob auch auf digitalem Weg der Zufall erfolgreich in die Kommunikation zwischen Menschen eingeführt werden kann, bleibt abzuwarten.

Sich aus dem Weg zu gehen ist also auch aus weiteren Gründen keine gute Voraussetzung für erfolgreiche Wissenschaft.

1.4   Bedürfnisse, Bias und komplexe Systeme

Mediation und eine mediative Haltung arbeiten mit Betrachtungsweisen und Annahmen, die der Wissenschaft zunächst fremd sind. Wie schon im vorangehenden Abschn. 1.3 ausgeführt, sind bei wissenschaftlichen Arbeiten oft Standpunktfragen, Sichtweisen, Annahmen dessen, was Wesentlich ist, Anlass

Abb. 1.2 Vieldeutigkeit einer Beobachtung als Konfliktursache

für Konflikte (Abb. 1.2). Erst recht gilt dies für alle Themen rund um die Wissenschaft, wie in Abschn. 1.2 beschrieben. Eindeutigkeit und Objektivität sind die Ansprüche der Wissenschaft. Was aber macht Mediation? Sie rechnet mit Vieldeutigkeit und subjektiven Einflüssen.

Vieldeutigkeit ist etwas, womit sich Menschen grundsätzlich schwertun, nicht nur in der Wissenschaft. Andreas Reckwitz beschreibt es so: „In der modernen Gesellschaft (…) besteht eine starke kulturelle Neigung zu kausalen Zuschreibungen sowie zur Attributierung von Prozessen auf absichtsvolles Handeln." (Reckwitz 2024).

Erschwerend kommt hinzu, dass bei Mediation Gefühle in die Betrachtung mit einbezogen werden. Mediation geht davon aus, dass es sich bei Konflikten nicht um einfache Ursache-Wirkungs-Mechanismen handelt, sondern um komplexe Systeme unerfüllter Bedürfnisse. Ein im wissenschaftlichen Zusammenhang ungern thematisierter Begriff: Bedürfnis. Bedürfnisse sind etwas Subjektives und in der Wissenschaft solle es um objektive Tatsachen gehen. Bedürfnisse stellen sozusagen eine Störung der wissenschaftlichen Ordnung dar. Sie sind etwas, worüber man nicht spricht. Sie sind ein Tabu.

Passen Wissenschaft und Mediation also nicht zusammen? Gibt es auch etwas, was Mediation und Wissenschaft verbindet? Die Antwort lautet ja! Zwischen Konflikten und Wissenschaft gibt es ein nahezu identisches Problem: den ‚Bias'. Der englische Begriff umfasst die deutschen Bezeichnungen Voreingenommenheit, Befangenheit und Wahrnehmungsverzerrung, aber auch Vorliebe, Neigung und Veranlagung. Ein Wort für eine Vielzahl von Schwierigkeiten auf dem Weg von einer Beobachtung zu einer Beurteilung.

Dass der subjektiven, sehr persönlichen und durch Bedürfnisse geprägten Sichtweise auch in der Wissenschaft nicht zu entgehen ist, ist inzwischen selbst Gegenstand der Forschung (Simundić 2013). Bias gibt es sehr viele. So werden beim ‚Aufmerksamkeits-Bias' Studien mit aufsehenerregenden Ergebnissen häufiger veröffentlicht als solche mit negativen oder nicht signifikanten Ergebnissen (Ioannidis 2005). Ähnlich verhält es sich mit der ‚Erfolgsverzerrung': erfolgreiche Beispiele werden überbetont, während gescheiterte Fälle nicht berücksichtigt werden (Taleb 2016). Beim ‚Bestätigungs-Bias' neigen Wissenschaftler dazu, Daten so zu interpretieren, dass sie bestehende Überzeugungen oder Hypothesen unterstützen (Nickerson 1998). Bei der ‚Auswahlverzerrung' werden Stichproben nicht zufällig oder nicht repräsentativ ausgewählt, was die Ergebnisse beeinflusst (Sackett 1979). Und beim ‚Rückschaufehler' erscheinen Ergebnisse im Nachhinein als vorhersehbarer, als sie es tatsächlich waren (Fischhoff 1975).

Bias kennzeichnet auch zwischenmenschliche Konflikte. Das klingt hart für Menschen, die sich in einem Konflikt befinden, insbesondere, wenn sie überzeugt sind, ihn nicht ausgelöst zu haben, sondern Opfer zu sein.

Konflikte beginnen einfach und klein, werden aber in der Regel bald komplex und verwirrend. In solchen Fällen kann es vorkommen, dass Konfliktparteien eine verzerrte Wahrnehmung entwickeln in Bezug auf das Gegenüber und auch in Bezug auf die Konfliktursachen.

Ich kann dem anderen Menschen nicht mehr innerlich ruhig begegnen. Ich mutmaße über die Motive der Gegenseite, denn ein klärendes Gespräch gelingt uns nicht. Ich vermute Absichten, die ich aus meinen Wahrnehmungen schlussfolgere. Dabei wähle ich bestimmte Beobachtungen, die meine schlimmsten Befürchtungen bestätigen und blende andere aus, die den Eindruck relativieren würden. Ich interpretiere Informationen so, dass sich meine Vermutungen bestätigen. Ich erkenne im Rückblick, dass die andere Konfliktpartei „ja schon immer dagegen war".

Eigentlich alle Formen des wissenschaftlichen Bias können sich auch in zwischenmenschlichen Konfliktsituationen wiederfinden.

Es ist nicht auszuschließen, dass wirklich ein Fehlverhalten meines Gegenübers vorliegt oder eine schwierige Persönlichkeit. Aber das ist viel seltener der Fall, als Konfliktpartner annehmen. Die Standardannahmen gelten schon im Alltag oft nicht; erst recht gilt dies in Konfliktsituationen.

Viele wissenschaftliche Themenfelder sind mehrdimensional, zumeist nicht eindeutig und in ihrer Erklärbarkeit abhängig vom Standpunkt des Beobachters. Gleiches gilt für Konflikte. In den letzten Jahren hat die Forschung den

Begriff „komplexe Systeme" gebildet und wendet ihn konsequenterweise sowohl auf physikalische, biologische wie auch soziale Systeme an, z. B. (Siegenfeld und Bar-Yam 2020). Die Analyse komplexer Systeme geht dabei auch auf die oft vernachlässigte Frage ein, wann Standardannahmen zutreffen und wann nicht. Was schon in der Beobachtung des ‚Bias' deutlich wird, rückt aktuell verstärkt in den Fokus der Forschung: Eine Verwandtschaft z. B. von sozialen Konflikten und physikalischen Vorgängen als komplexer Systeme. Sich der oft schwer zu erkennenden Wechselwirkungen und Zusammenhänge in der Forschung bewusst zu sein und Standardannahmen zu hinterfragen, gehört zum guten wissenschaftlichen Handwerkszeug. Gleiches gilt für die Mediation. Daher kann es hilfreich sein, von Mediation etwas zu verstehen, wenn man in der Wissenschaft tätig ist.

Hinzu kommen weitere Aspekte: Mediation ist gerade in der Wissenschaft auch eine nachhaltige Methode der Konfliktbearbeitung und Stärkung der Zusammenarbeit.

Mediation arbeitet mit den Grundprinzipien der Allparteilichkeit und der Freiwilligkeit. Gerade Menschen in der Wissenschaft – als kluge Menschen – können nicht überredet werden zu einer Mediation und würden kaum Lösungen eines Konflikts akzeptieren, die sie nicht selbst mitentwickelt haben.

Konfliktmanagement in der Wissenschaft

2

Für mikro-soziale Konflikte zwischen Einzelpersonen verfügen wissenschaftliche Einrichtungen in der Regel über eine Vielzahl an Instanzen. Die meisten Instanzen sind für spezifische Themen zuständig: Vorgesetzte für disziplinarische Fragen, Ombudspersonen für Fragen des wissenschaftlichen Fehlverhaltens, Betriebsräte für solche des Arbeitsrechts und Betriebsärzte für Fragen der Gesundheit. Vorgelagert stehen Beratungs- und Schiedsstellen zur Verfügung und in einem gewissen Umfang explizit auch Mediatoren. Wenn diese Instanzen organisiert sind, kann man von einem Konfliktmanagement der Einrichtung sprechen. Welche Instanzen in deutschen Wissenschaftseinrichtungen gegenwärtig in welchem Umfang für Konfliktbehandlung zur Verfügung stehen, soll im Folgenden kurz betrachtet werden.

2.1 Vorgesetzte

Oft werden Vorgesetzte als disziplinarische Führungskräfte oder fachliche Autoritäten von Konfliktparteien um Hilfe gebeten. Können diese qua Amt oder Kompetenz Entscheidungen herbeiführen, durch die Konfliktfragen schnell geklärt werden?

In der Auswertung einer Befragung von 66 Hochschulleitungen in den Jahren 2008 bis 2012 betonte fast die Hälfte der Befragten als besonderes Merkmal der Führung einer Wissenschaftseinrichtung einen partizipativen Führungsstil. Als besonders wichtige Führungskompetenz gaben 71 % Kommunikationsfähigkeit an (Püttmann 2013). In einer weiteren Befragung im Jahr 2012 bekannten

© Der/die Autor(en) 2026
M. Wiedemann, *Mediation in der Wissenschaft*, essentials,
https://doi.org/10.1007/978-3-658-49022-5_2

von 108 befragten Hochschulleitungen allerdings 40 %, dass sie sich nicht als Führungskraft wahrnehmen (Ursula Müller et al.).

Es könnte also geschlussfolgert werden: Kommunikation ist eine notwendige, aber keine hinreichende Voraussetzung für Führung in der Wissenschaft.

In den letzten Jahren ist Weiterbildung in Sachen Personalführung allerdings zunehmend zu einer Qualifikationsanforderung an Führungskräfte wissenschaftlicher Einrichtungen geworden. So hat der Deutsche Hochschulverband inzwischen ein Handbuch für Führungskräfte in Wissenschaftseinrichtungen veröffentlich, welches besonders auf die spezifischen Herausforderungen der Führung in der Wissenschaft eingeht (Werth et al. 2021). Inzwischen bieten auch viele Wissenschaftseinrichtungen für Führungskräfte und Mitarbeitende Weiterbildungskurse zu Konfliktmanagement und Mediation an (Leibniz Universität Hannover 2025; Universität Hamburg 2025).

Führen in der Wissenschaft ist speziell, weil man es mit besonders gut ausgebildeten Menschen zu tun hat. Wer in seiner Führungsfunktion diesen Menschen Lösungen für Konfliktfragen vorgibt, löst möglicherweise große intellektuelle Gegenbeweis-Anstrengungen aus. Wer auch immer sich vor die Aufgabe gestellt sieht, als Vorgesetzter in Wissenschaftseinrichtungen in Streitfragen zu schlichten, muss sich auf sehr lang anhaltende Diskussionen und Verweise auf die einstige „Fehlentscheidung" gefasst machen.

Erschwerend kommt hinzu, dass Vorgesetzte oft weder frei von eigenen Interessen noch ausgebildete Mediatoren mit einer allparteilichen Grundhaltung sind. Damit werden sie möglicherweise selbst Konfliktpartei.

Natürlich gibt es Führungskräfte und Persönlichkeiten in allen Organisationen, die über genügend Menschenkenntnis und Erfahrung verfügen, in Konflikten zwischen Mitarbeitenden zu vermitteln. Allerdings werden sie in der Regel gerade wegen ihrer Führungsrolle mehr als Entscheider denn als Vermittler angesprochen und können sich diesem Anspruch schwer entziehen. Erwartet wird, dass Vorgesetzte entscheiden. Moderations- oder gar Mediationsversuche werden durch Mitarbeitende mitunter eher als „sich aus der (Entscheidungs-)Verantwortung stehlen" betrachtet.

Mediierende Führungskräfte sind leider ein Widerspruch in sich. Das ist später bei der Einrichtung mediativer Wissenschaftseinrichtungen zu beachten, siehe Abschn. 3.3.

2.2   Ombudspersonen

In Deutschland hat die Deutsche Forschungsgemeinschaft (DFG) die Standards guter Wissenschaftlicher Praxis (GWP) in einem Kodex in 19 Leitlinien formuliert (DFG 2024). Diese enthalten viele von den im ersten Kapitel genannten Voraussetzungen für eine gute wissenschaftliche Zusammenarbeit: die Förderung des kritischen Dialogs, die gegenseitige Unterstützung in der Wissensentwicklung, den Austausch unter Forschungspartnern, die Beachtung von Rechten, Zugänglichkeit von Forschungsergebnissen und vieles mehr.

In den Erläuterungen zur Leitlinie 6 steht zudem „Das DFG-Gremium Ombudsman für die Wissenschaft ist eine unabhängige und überregionale Instanz, die zur Beratung und Unterstützung in Fragen guter wissenschaftlicher Praxis und ihrer Verletzung durch wissenschaftliche Unredlichkeit zur Verfügung steht." (Ombusman für die Wissenschaft). In den Erläuterung wird ergänzt: „Als Ombudspersonen werden integere Wissenschaftler*innen mit Leitungserfahrung ausgewählt."

Im Jahr 2023 kamen zusammen 61 % der Anfragen aus den Lebenswissenschaften (Biologie, Medizin, Agrar- und Forstwissenschaften) und den Geistes- und Sozialwissenschaften, davon 20 % aus der Medizinforschung. Aus Natur- und Ingenieurswissenschaften kamen 15 % der Anfragen (Ombudsman für die Wissenschaft).

Post-Docs stellten mit 33 % die meisten Anfragen. Ombuspersonen anderer Forschungseinrichtungen richteten 20 % der Anfragen und Bitten um Beratung an das Gremium, gefolgt von Professorinnen und Professoren mit 18 % und Promovierenden mit 11 %. Studierende waren mit 5 % der Anfragen vertreten.

Autorenschaftsfragen (19 %) und Plagiatsvorwürfe (14 %) standen dabei im Vordergrund, gefolgt von Fragen zum Umgang mit Daten und Datennutzung (12 %), zu regionalen Ombudsverfahren (11 %), zu Forschungsbehinderung (10 %) und mangelnde Nachwuchsförderung (9 %), siehe Abb. 2.1.

Beim Themenkomplex Autorschaftsfragen standen die Reihenfolge der Autorinnen bzw. Autoren im Vordergrund. Hier wurden in 6 Fällen Ombudsverfahren eingeleitet, d. h. Kontakt zur ‚Gegenseite' aufgenommen. Damit wurden hier die meisten Ombudsverfahren initiiert.

Zum Thema der Plagiate gab es neben Textplagiaten auch Anfragen wegen Ideen- und Selbstplagiaten. In 4 Fällen wurden die betroffenen Einrichtungen um die Prüfung bzw. Einleitung von Verfahren gebeten.

Insgesamt wurden für 17 der 221 Anfragen im Jahr 2023 Ombudsverfahren eröffnet.

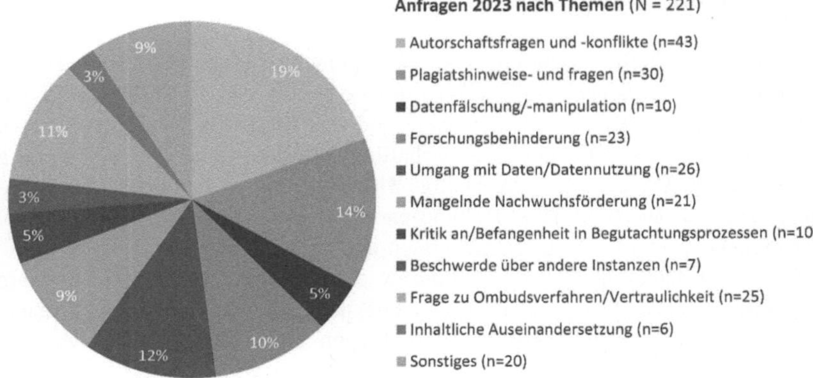

Abb. 2.1 Themen der Anfragen an Ombudsman für die Wissenschaft 2023. Mit freundlicher Genehmigung der Geschäftsstelle „Ombudsman für die Wissenschaft", (Ombudsman für die Wissenschaft)

Daraus folgt, dass in vielen Fällen Konflikte vorliegen, die relativ hoch eskaliert sind – wenn sich an externe Ombudspersonen gewandt wird –, deren Bearbeitung und Auflösung aber hier nicht erfolgt.

In ihrer Rolle als Konfliktmoderatoren können Ombudspersonen auch mediativ tätig werden. Allerdings taucht der Begriff „Mediation" in den Leitlinien selbst nicht auf.

2.3 Personal- und Betriebsräte

Universitäten und öffentliche Forschungseinrichtungen haben Personalräte nach dem Bundespersonalvertretungsgesetz (BPersVG) (Altvater et al. 2023), privatwirtschaftliche Unternehmen Betriebsräte nach dem Betriebsverfassungsgesetz (BetrVG) (Hess et al. 2021). Manche öffentlich finanzierten Forschungseinrichtungen sind auch als Vereine organisiert. Dann gilt für sie das Betriebsverfassungsgesetz.

Auch wenn im BPersVG und im BetrVG nicht unterschieden wird, spielt praktisch die Unterscheidung zwischen wissenschaftlichem und nichtwissenschaftlichem Personal doch eine Rolle. Wissenschaftlich Mitarbeitende sind oft über Zeitverträge projektgebunden angestellt und können vom Personal- oder Betriebsrat nicht so vertreten werden, die festangestellte Mitarbeitende.

Die Interessenlage wissenschaftlich Mitarbeitender ist oft eine andere als die des nicht-wissenschaftlichen Personals. Wissenschaftlich arbeitende Menschen wünschen mitunter beispielsweise eine größere Arbeitszeitflexibilität als in Betriebsvereinbarungen oder Tarifverträgen vorgesehen.

Konflikte entstehen beispielsweise aufgrund der Befristung von Arbeitsverträgen auf Projektlaufzeiten. Die Abhängigkeiten sind groß und führen auch zu Missbrauch, zum Beispiel der stillschweigenden Erwartung Vorgesetzter, Mitarbeitende müssten sich an der Lehre beteiligen. Solche Abhängigkeiten sollen durch das Wissenschaftszeitvertragsgesetz etwas begrenzt werden, indem es die Zeitgrenzen für befristete Arbeitsverträge auf 6 Jahre vor und 6 Jahre nach einer Promotion festlegt und nur eine Tätigkeit im Drittmittelbereich als Begründung zulässt. Soweit es sich um arbeitsrechtliche Konflikte handelt, ist davon auszugehen, dass die im Wissenschaftsbetrieb Tätigen sich primär an Personal- und Betriebsräte wenden.

Statistiken oder Zahlen zu Konflikten, bei denen Personal- oder Betriebsräte in wissenschaftlichen Einrichtungen involviert werden, liegen nicht öffentlich verfügbar vor.

2.4   Betriebsärztliche Einrichtungen

In erweitertem Sinn kann auch eine medizinische Betreuung zu den Konfliktinstanzen gezählt werden. Gemäß § 2 des Arbeitssicherheitsgesetzes (ASiG) müssen Arbeitgeber Betriebsärzte bestellen, um die Gesundheit der Beschäftigten zu schützen und zu fördern. Das gilt auch für wissenschaftliche Einrichtungen. Der Krankenstand in wissenschaftlichen Einrichtungen ist – über alle Branchen gesehen – laut Betriebskrankenkassen mit 8 Fehltagen im Jahr 2023 der niedrigste (Institut der deutschen Wirtschaft 2025).

Der „Bielefelder Fragebogen zu Arbeitsbedingungen und Gesundheit an Hochschulen" wurde seit 2013 speziell für Mitarbeitendenbefragungen an deutschen Hochschulen mit besonderem Blick auf die psychische Gesundheit entwickelt (Universität Bielefeld 2023). Die DGUV veröffentlichte 2022 einen mit diesem Fragebogen erstellten Vergleich der Situation wissenschaftlich tätiger Menschen vor (6258 Mitarbeitende) und nach Corona (1819 Mitarbeitende) (Burian et al. 2022). Neben einer Verschlechterung hinsichtlich vieler Anforderungen an die Arbeitsweise durch die Corona-Bedingungen wird auch deutlich, dass hoher Zeitdruck, hohe Arbeitsbelastung, die Ansprüche an die Weiterqualifikation (Promotion) als belastend empfunden werden.

Die Techniker Krankenkasse hat 2023 für Studierende, die bei ihr versichert sind, festgestellt, dass diese insgesamt etwas „gesünder" sind, als gleichaltrige Erwerbspersonen, aber nahezu alle Krankheitssymptome von 2015 auf 2023 zugenommen haben. Die Verordnung von definierten Tagesdosen von Medikamenten, die das Nervensystem ansprechen, war bei Studierenden von allen Medikamenten schon immer die Höchste, ist aber nach Corona 2019 noch einmal deutlich gestiegen (Techniker Krankenkasse 2023).

Home-Office und weiterer Infektionsschutzmaßnahmen, die den persönlichen Kontakt zu anderen Menschen begrenzt haben, scheinen insgesamt stärkere negative Auswirkungen sowohl auf die Gesundheit wissenschaftlich Mitarbeitender als auch von Studierenden gehabt zu haben, als persönliche und möglicherweise auch konfliktfördernde Begegnungen. Allerdings gibt es zu konfliktbezogenen Ursachen von Erkrankungen in wissenschaftlichen Einrichtungen keine öffentlich verfügbaren Statistiken.

2.5   Schlichtungs- und Beratungsstellen

Eine weitere Instanz der Konfliktbearbeitung bieten Hochschulen und wissenschaftlichen Einrichtungen in Form von Schlichtungs- und Beratungsstellen an. Diese können von Betroffenen angesprochen werden und bieten neben unterschiedlichen Beratungsformaten auch niedrigschwellige Angebote der Konfliktbearbeitung an. Hier beginnt der Übergang zu Angeboten der Mediation.

So haben beispielsweise die Universität Leipzig (Universität Leipzig 2025) und die Fachhochschule Kiel (Fachhochschule Kiel 2025) Schlichtungsstellen etabliert, an die sich alle Mitarbeitenden und Studierenden der Einrichtungen wenden können. In den Instituten der Leibnitz-Gemeinschaft ist eine Schlichtungsstelle nach dem Behindertengleichstellungsgesetz etabliert (Leibnitz-Gemeinschaft 2022). Andere Universitäten bieten neben der Beratung und Unterstützung durch Ombudspersonen auch psychosoziale Beratungen an (Uni Mannheim 2025), (Goethe-Universität 2025). Die Humboldt-Universität zu Berlin bietet Konfliktsprechstunden an, die von externen und ausgebildeten Mediierenden abgehalten werden (Humboldt-Universität zu Berlin 2025). Die Universität Freiburg bietet Hilfe bei der Bewältigung von Konflikten für Promovierende und Beratung in persönlichen Lebenskrisen an (Universität Freiburg 2025). Die Unterstützung reicht vom persönlichen Coaching bis zur Mediation in Konflikten einschließlich Angeboten der Mediationsausbildung.

Beratungs- und Schlichtungsstellen können mediativ arbeiten, sind aber nicht ausdrücklich so organisiert. Ob es sie gibt und wie sie arbeiten ist abhängig von der Wissenschaftseinrichtung und von ihrem Auftrag. Mitunter sind sie auf spezielle Gruppen von Mitarbeitenden oder auf Studierende ausgerichtet.

2.6   Mediation

Der lateinische Begriff ‚mediatio' bedeutet Vermittlung und bereits im Mittelalter wurden Menschen, die Streitfälle schlichteten, als Mediatoren bezeichnet. Viele Methoden der Mediation wurden jedoch erst im Rahmen der Konfliktforschung seit Beginn des 20. Jahrhunderts systematisch entwickelt (A. Rommel 2016; Jerome T. Barrett und Joseph Barrett 2004; Rosenberg und Chopra 2015). Mediation ist auch in der Wissenschaft kein neues Thema: Bereits in den 1960er Jahren wurden in den USA an der ersten Universitäten zunächst Ombudsgremien und ab den 1980er auch Mediation zur Konfliktbearbeitung eingesetzt (William C. Warters 1999).

In Ergänzung des „klassischen" Konfliktmanagements ist Mediation ein methodenbasiertes Verfahren zur Konfliktbearbeitung, welches grundsätzlich in jeder Instanz des Konfliktmanagements zum Einsatz kommen kann.

Je spezialisierter allerdings die Instanzen für die Beantwortung einzelner Konfliktfragen aufgestellt sind (disziplinarische Fragen, wissenschaftliches Fehlverhalten, Arbeitsrecht usf.), umso eher gehen sie regelbasiert vor, d. h. sie prüfen Regelverletzungen und handeln so, dass diese Verletzungen behoben werden.

Beratungs- und Schiedsstellen bieten folgerichtig von den vorgenannten Instanzen am ehesten auch Mediation an.

Von 2010 bis 2019 veranstaltete das HIS Institut für Hochschulentwicklung ein Netzwerktreffen „Konfliktmanagement und Mediation" deutscher Hochschulen, welches seit 2022 als Forum „Konfliktmanagement und Mediation" fortgeführt wird (HIS-HE 2025) Hier tauschen deutsche Hochschulen Informationen, Entwicklungen eigener Mediationsinstanzen und Erfahrungen miteinander aus.

Den Tagungsunterlagen der ersten Netzwerktreffen sind einige Informationen zu entnehmen über Konfliktpotenziale. So hat eine Befragung von 173 Personen der Hochschule Ostwestfalen-Lippe ergeben, dass die meisten Konflikte im Kontext Zusammenarbeit und Organisation bestehen und sich die meisten Konflikte noch auf den ersten 3 Eskalationsstufen („Win–Win") befinden (Walpuski 2012).

Eine interessante Übersicht wurde bereits 2004 bis 2005 an der Leibniz-Universität Hannover erzeugt, in der sowohl Konfliktquellen als auch angesprochene Instanzen für die Konfliktlösung dargestellt sind. Bei den betrachteten 108 Konflikten am Arbeitsplatz bezogen sich die meisten auf Leistungskritik (29) und auf Arbeitsverteilung (15) sowie Kommunikation (10). In 43 Fällen wurden Suchtbeauftragte und in 38 Fällen der betriebsärztliche Dienst angesprochen, in 14 Fällen der Betriebsrat und in 13 Fällen die Gleichstellungsbeauftragte. 6 Fälle wurden als eskalierte Konflikte identifiziert (Anne Schwarz 2012). Eine Mediationsinstanz gab es zu dieser Zeit an der LUH nicht.

Hoormann und Matheis befragten in der bereits genannten Studie (Hoormann und Matheis 2014) 2014 rund 86 Hochschulen und erhielten 31 Rückmeldungen. Von diesen nutzten 13 = 42 % die Methode der Mediation für die hochschulinterne Konfliktbearbeitung.

Sucht man Mediierende mit Praxiserfahrungen im Bereich Wissenschaft, so erlauben die deutschen Suchportale (mediator-finden.de), (Bundesverband für Mediation e. V.) bislang noch keine solche Auswahl. Eine Kanzlei in Deutschland bietet explizit Mediation für Wissenschaftseinrichtungen an.

Verschiedene Universitäten und Fachhochschulen bieten – teileweise auch kommerziell – im Studium oder berufsbegleitend Lehrgänge oder Vorlesungen zum Themenbereich Mediation und Konfliktmanagement an, (Europa-Universität Viadrina 2025; FernUniversität in Hagen 2025; FH Potsdam 2019; TH Köln 2025; Universität Hamburg 2025; Universität Potsdam 2025). Angesprochen werden Interessierte aus den Bereichen Politik, Gesellschaft, Kultur, Wissenschaft und Recht.

Insgesamt nimmt Mediation als Verfahren zur Konfliktbearbeitung an deutschen Wissenschaftseinrichtungen an Bedeutung zu. Allerdings wird sie als ein zusätzliches Verfahren des Konfliktmanagements verstanden, nicht als ein besonders geeignetes Instrument für den Einsatz in Wissenschaftseinrichtungen. In keinem Beispiel wird bisher Mediation als prozessorientierte Methode verstanden, die von den in Wissenschaftseinrichtungen Tätigen gekannt und selbst angewandt werden kann.

Hier setzt der Vorschlag dieses Buches an: Mediation als begleitende Methode durch die im Wissenschaftsbetrieb Tätigen selbst einzusetzen und die Organisation geeignet auszurichten.

2.7   Zusammenfassung

Die meisten Instanzen eines Konfliktmanagements an wissenschaftlichen Einrichtungen sind auf bestimmte Themen spezialisiert.

Tab. 2.1 Überblick über Konfliktinstanzen an Wissenschaftseinrichtungen

Kriterium	Vorgesetzte	Ombudsperson	Betriebs- oder Personalrat	Betriebsarzt	Schlichtungsstelle	Mediation
Klärungsziel	disziplinarisch	Wissenschaftlich	Arbeitsrechtlich	gesundheitlich	Interessenausgleich	Verständigung
Konfliktlevel	Mittel	Hoch	Hoch	unbestimmt	Niedrig bis hoch	
Form	formal, eigeninitiativ	formal, Fallmeldung	formal, Fallmeldung	Anlassbezogen, eigeninitiativ	anlassbezogen, begleitend, eigeninitiativ	
Arbeitsweise	Weisung, Vereinbarung	Untersuchung, Fallklärung	Untersuchung, Einspruch	Untersuchung, Empfehlung	Vermittlung, Beratung, Dialog	Suche eigenverantwortlicher Lösungen
Prinzip	Fürsorgepflicht	Leitlinien guter wissenschaftlicher Praxis	Arbeitsrecht	Gesunderhaltung	Kompromiss	Freiwilligkeit, Allparteilichkeit, Klärung Bedürfnisse
Beispiele	Arbeitszeit, Aufgabenzuteilung	Plagiate, Datenmanipulation	Arbeitsvertrag	Stress, Ängste	Teamkonflikte, Kommunikationsprobleme	

[Tabellenfußzeile – bitte überschreiben]

Die größten Gemeinsamkeiten weisen Schlichtungsstellen und Mediation auf, weil sie unspezifisch für alle Formen und Themen von Konflikten im mikro-sozialen Bereich zur Verfügung stehen und keine formalen Bedingungen zu erfüllen sind, damit sie tätig werden.

Je höher der Konfliktlevel, umso eher werden auch formal zuständige Instanzen angerufen, die zu untersuchen haben, ob eine Regelverletzung einer Partei vorliegt. Natürlich gibt es eindeutige Verstöße gegen Regeln, für die Einzelpersonen auch zur Rechenschaft gezogen werden müssen. Wenn der Konflikt allerdings einmal öffentlich geworden ist und wenn keine „Schuldigen" gefunden werden (was in der Mehrzahl vorkommt, wie der oben genannte Ombudsbericht, Abschn. 2.2 darlegt), ist der Schaden kaum mehr zu beheben. Parteien, die einmal offiziell einer Regelverletzung verdächtigt wurden, haben selbst im Falle eines „Freispruch" wenig Motivation, sich mit der anklagenden Partei künftig in ein kooperatives Verhältnis zu setzen. Dabei ist die „Schuldfrage" in mikro-sozialen Konflikten oft Ergebnis von Bias (Tab. 2.1).

Sofern nicht eindeutig ein wissenschaftliches, arbeitsrechtliches oder disziplinarisches Fehlverhalten vorliegt, sollte Mediation als Methode einer gütlichen Konfliktbeilegung eingesetzt werden. In Wissenschaftseinrichtungen würde darüber hinaus eine Kenntnis der Methoden der Mediation den Mitarbeitenden bei der Vermeidung von Wahrnehmungsverzerrungen in Konflikten wie auch in Forschungsarbeiten hilfreich sein.

Verfahren, Methoden und Organisationselemente der Mediation 3

Die mit dem Begriff Bias umschriebenen Schwierigkeiten hat jeder Mensch in nahezu jeder Lebenslage. Bias sind komplex und schwer zu vermeiden. Die Schwierigkeit besteht darin, dass gemachte Beobachtungen meist mit Standardannahmen interpretiert werden, die aber nicht immer zutreffen müssen. In der Wissenschaft zum Beispiel die Annahme, dass ein Zusammenhang besteht, wenn zwei Dinge korrelieren (Tyler Vigen 2025). In der Ernährung die Annahme, Fett mache fett. In der Wirtschaft die Annahme, erfolgreiche Aktienhändler verstünden den Markt besser (Kahneman 2019). Im Alltag die Annahme, ein schweigsames Gegenüber verhalte sich ablehnend.

Standardannahmen sind effizient, weil sie auf individueller Erfahrung aufbauen, plausibel sind und schnelle Reaktionen erlauben. In Konflikten werden Standardannahmen aber zu einem wirklichen Problem. Wie eingangs erwähnt, beschäftigt sich die Analyse komplexer Systeme mit der Frage, wann Standardannahmen nicht mehr zutreffen; eben, wenn es kompliziert wird. Aber die praktische Frage lautet: Wie können wir uns sensibilisieren gegen eine ungeprüfte Verwendung von Standardannahmen; für das Erkennen komplizierter Sachverhalte?

In der Mediation wird mit unterschiedlichen Angeboten gearbeitet, um Standpunktwechsel vorzunehmen. Denn die subjektiven Interpretationen unserer Wahrnehmungen, unsere Standardannahmen, können am ehesten durch Perspektivwechsel erkannt und eingegrenzt werden. „Könnte es auch anders sein, als ich es gerade annehme?" Das ist die Fragehaltung, um die es geht, sowohl im Fall von entstehenden Konflikten wie auch in der Wissenschaft!

© Der/die Autor(en) 2026 23
M. Wiedemann, *Mediation in der Wissenschaft*, essentials,
https://doi.org/10.1007/978-3-658-49022-5_3

Obwohl es inzwischen an verschiedenen Wissenschaftseinrichtung zur Konfliktbearbeitung das Angebot zur Mediation durch interne oder externe Mediatoren gibt, wird nicht das Potenzial ihrer spezifischen Methoden im Wissenschaftsbetrieb genutzt. Die Fragehaltung „Kann es auch anders ein, als ich es gerade annehme?" dient sowohl der Wissenschaft wie auch der Konfliktbearbeitung.

Nach der Erläuterung des Verfahrens werden einige Methoden beschrieben, mit denen in der Mediation gearbeitet wird. Anschließend werden strukturierende Elemente für eine Wissenschaftseinrichtung vorgeschlagen, durch die von der Führung bis zur Forschung eine mediative Grundhaltung gefördert wird.

Zwei Begriffe sind noch zu definieren: Als Medianden werden Konfliktpartner bezeichnet, die in eine Mediation eintreten. Als Mediierende werden Mediatorinnen und Mediatoren bezeichnet.

3.1   Methodenbasierte Verfahren der Mediation

Die Methoden und Verfahrensweisen der Mediation sind vielfältig. Es gibt unterschiedliche Herangehensweisen: die Problem bezogene (Besemer 2007), die Visions-bezogene, die transformative Mediation (Hösl 2011), die Konfliktpartnerschaft (Schulz von Thun 2018) und die metanoische Mediation. Letztere leitet sich vom griechischen Wort metanoia ab, was so viel wie „Umkehr", „Sinneswandel" oder „tiefgreifende Veränderung" bedeutet. Gemeint ist ein Ansatz, der eine Verwandlung des Konflikts in eine positive Energie anstrebt, der Konflikte als Entwicklungspotenziale versteht. Im Folgenden werden primär methodische Elemente des metanoischen Mediationsverfahrens nach Friedrich Glasl (Glasl 2023) beschrieben.

Allen Methoden der Mediation sind Grundregeln und ein Grundethos eigen. So wird von einem bestimmten Menschenbild ausgegangen, welches jedem Individuum Lösungskompetenz, Einzigartigkeit und Autonomie zuerkennt. Daraus leitet sich ab, dass Mediation von der Verantwortungsfähigkeit und Eigenverantwortlichkeit der Medianden ausgeht (Abb. 3.1).

Eine Mediation wird von den Medianden freiwillig begonnen und baut auf der Allparteilichkeit und Verschwiegenheit der Mediierenden auf. Mediierende fühlen sich in die Situation der Medianden ein und machen Angebote für Perspektivwechsel. Sie achten auf respektvolle Kommunikation und Gleichberechtigung der Beteiligten, unterstützen die Lösungsorientiertheit der Medianden, führen durch den Prozess der Mediation und achten auf Ressourceneffizienz.

Abb. 3.1 Grundsätze der Mediation

Mitunter wird Mediation mit Coaching gleichgesetzt, was sich aber ausschließt. Ein Coach kann nicht als Mediator in gleicher Sache tätig werden, da die erforderliche Allparteilichkeit nicht mehr gegeben ist.

Mediation verfolgt einen Ablauf in der Konfliktbearbeitung. Auch darin sind sich alle Mediations-Richtungen einig: Es geht um eine bestimmte Reihenfolge der Schritte auf dem Weg zu einer Vereinbarung der Konfliktparteien, die die Lösung beschreibt und hinsichtlich der Umsetzung konkretisiert.

Ein zentrales vorbereitendes Element der Mediation ist nach Glasl die Konfliktdiagnose. Dabei werden durch die Mediierenden die Streitpunkte identifiziert, die „Arena" des Konflikts, die Beziehungen der Konfliktparteien zueinander sowie ihre jeweiligen Grundeinstellungen. Auf welcher Eskalationsstufe befindet sich der Konflikt? Ist eine Mediation möglich? Eine ausführliche Darstellung der Eskalationsstufen und ihrer Ausprägung in heißen oder kalten Konflikten findet sich in Rudi Ballreich und Friedrich Glasl (Ballreich und Glasl 2019) (Abb. 3.2).

Die Einordnung eines Konflikts auf den insgesamt neun Eskalationsstufen lässt sich in der Diagnose anhand der Schilderungen der Konfliktparteien recht gut vornehmen. Handelt es sich um die Stadien der „Verhärtung", der „Debatte und Polemik" bis „Taten statt Worte", so ist grundsätzlich noch ein „Win–Win" auch in den Vorstellungen der Konfliktparteien möglich. Die Selbstheilungskräfte der Konfliktparteien sind gefordert, aber noch intakt. In der vierten Stufe „Sorge um

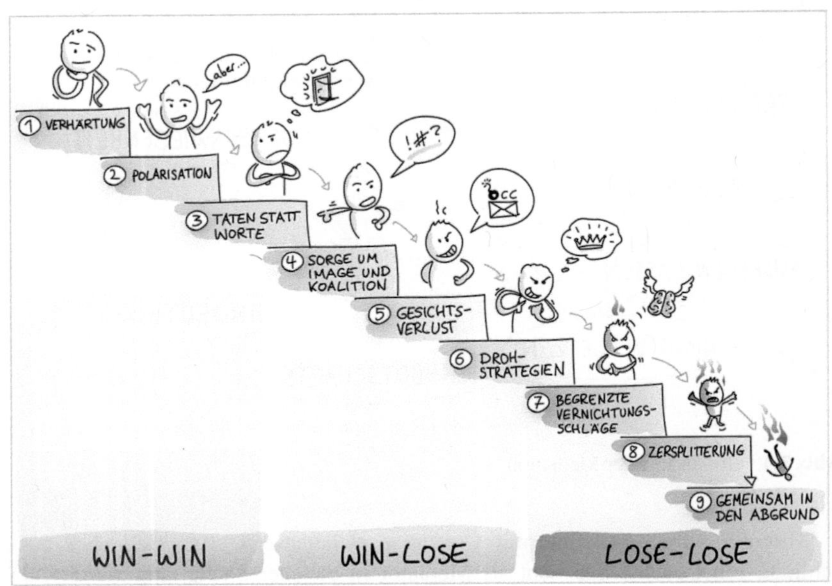

Abb. 3.2 Eskalationsstufen eines Konflikts

Image und Koalitionen" wird der Konflikt externalisiert und in Stufe fünf zu „Gesichtsangriff und Gesichtsverlust" gesteigert. Hier wird von den Konfliktparteien ein „Win-Lose" angestrebt und die Selbstheilungskräfte sind stark strapaziert oder bereits ausgeschaltet. Konflikte, die sich auf den Stufen 4: „Images und Koalitionen" und 5: „Gesichtsangriff und Gesichtsverlust" befinden, bedürfen vor Beginn einer gemeinsamen Bearbeitung zumeist einer Shuttle-Mediation, wobei mit den Konfliktparteien in Einzelgesprächen Ansatzpunkte für eine gemeinsame Mediation gesucht und entwickelt werden; die Freiwilligkeit der Teilnahme an der Mediation muss erst erarbeitet werden.

Nach Glasl sind Konflikte auf der mikro-sozialen Ebene, die die Stufe 6, „Drohstrategien" oder höher erreicht haben, in einer Mediation nicht mehr behandelbar. Ein wesentlicher Grund ist, dass in diesen Eskalationsstufen von einer freiwilligen Teilnahme der Konfliktparteien an einer Mediation nicht mehr auszugehen ist; die Selbstheilungskräfte sind in diesem Stadium zerstört. Hier müssten erst wieder Voraussetzungen in Einzelgesprächen geschaffen werden.

In der metanoischen Mediation nach Glasl und Ballreich wird für Konflikte zwischen einzelnen Personen der U-Prozess betrachtet, wobei das U als Form auch dafür steht, dass man im sichtbaren IST-Bereich des Konfliktes beginnt, dann eintaucht in den zunächst nicht sichtbaren Bereich, dort einen Umkehrpunkt, eine Metanoia erfährt und sich dann wieder erhebt bis zu Lösungsumsetzungen im sichtbaren SOLL-Bereich.

Entlang der Phasen des U-Prozesses gibt es eine Reihe von „Wendepunkten" im Verhältnis der Medianden zueinander. Die Phasen selbst sind nicht unbedingt sequentiell zu verstehen, d. h. erst wird eine Phase vollständig abgeschlossen, dann beginnt die nächste. Es kann in der Mediation auch ein Pendeln zwischen Phasen geben, ein vor und wieder zurück und auch ein Überspringen (was allerdings dann doch meistens ein Nachholen erfordert).

Der U-Prozess, wie er nachfolgend beschrieben wird, ist kein Dogma. Grundsätzlich gilt in der Mediation „Störungen haben Vorrang". Damit ist gemeint, dass nicht der Prozess im Vordergrund steht, sondern die Verständigung zwischen den Medianden. Störungen müssen sofort ausgeräumt werden, wenn die Kommunikation effektiv bleiben soll (Abb. 3.3).

Eine Mediation beginnt mit einer Phase, in der der Auftrag geklärt wird, die Rollen und die Randbedingungen wie Protokoll, Vertraulichkeit und die Termine. Bereits bei Eintritt in die Mediation ist zwischen den Medianden ein initialer

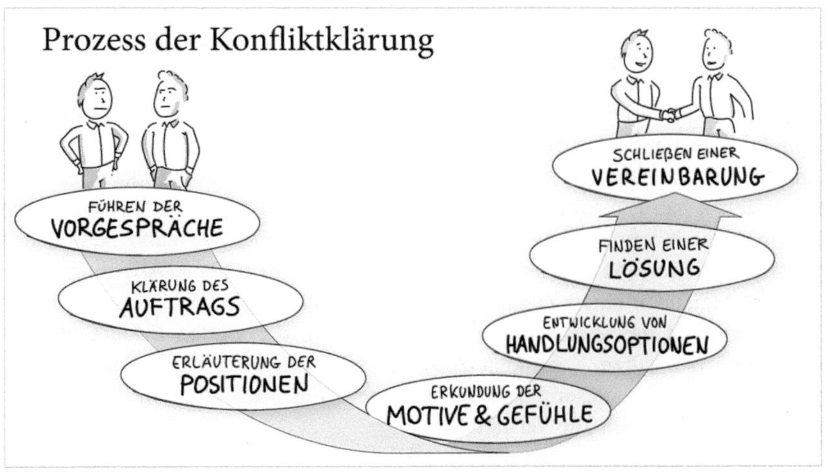

Abb. 3.3 Der U-Prozess der metanoischen Mediation

Wendepunkt erreicht, denn beide haben sich zur Mediation entschlossen, also dazu, den Konflikt auf eine konstruktive Ebene zu heben.

Am Anfang wird besprochen, was im Prozess geschehen und was nicht geschehen soll und was die Medianden benötigen, um in dem Prozess ihre konstruktiven Kräfte zu erhalten und zu stärken. Das sind keine Bedingungen an die andere Partei, sondern an das Verfahren. Es werden die Grundregeln für die weitere Kommunikation besprochen: Aussprechen lassen, nicht-verletzendes Sprechen, Ich-Botschaften, Eindeutigkeit. Die mediierenden Person verpflichtet sich zur Verschwiegenheit und erhält das Mandat zur Intervention und Gesprächsführung. Die zu bearbeitenden Themen werden gesammelt, sortiert, gewichtet und in eine Reihenfolge gebracht.

In der zweiten Phase werden zum Zweck einer Konflikterhellung die Wahrnehmungen und Sichtweisen der Medianden ausgesprochen und beidseitig verstanden. Nun wird „in den Konflikt eingetaucht". Es geht um die Beschreibung dessen, was für jeden Medianden den Konflikt ausmacht; um eine Aufarbeitung in eigenen Worten. Die mediierende Person achtet stets darauf, dass Perspektivwechsel vorgenommen werden. Welche Methoden dafür zum Einsatz kommen können, wird im folgenden Abschn. 3.2 beschrieben. Angestrebt wird ein kognitiver Wendepunkt im Verhältnis der Medianden zueinander: „Ich habe jetzt gehört, wie der andere Mensch die Sache sieht." Es geht um ein *Verstehen* der Sichtweise des Anderen.

Den Medianden wird es möglich, eigene reflexhafte Reaktionen auf Äußerung des anderen zu unterbrechen und die Affekt-Haltung zu verlassen, die sie zueinander eingenommen haben.

In der dritten Phase geht es um die *Gefühle* – eine gerade für wissenschaftliche Tätige herausfordernde Dimension des Konflikts. Hier wird ein emotionaler Wendepunkt angestrebt, also ein Nachempfinden dessen, was man einerseits selbst zum Konflikt beigetragen hat, aber andererseits auch bei dem Anderen emotional ausgelöst hat. Ein Einfühlen in die Befindlichkeiten des Konfliktpartners und die Übernahme von Verantwortung für die eigenen Gefühle kann helfen, den gegenseitigen Respekt und die Achtung voreinander zu stärken. Allerdings müssen die Medianden einen Zugang zu ihren Gefühlen haben, was ab der fünften Eskalationsstufe unwahrscheinlich wird. Bereits in der vierten Eskalationsstufe dominieren bei kalten Konflikten zumeist verdrängte Emotionen das Konfliktgeschehen. Auch in dieser Phase stehen seitens der Mediation eine Vielzahl an erprobten Werkzeugen zur Verfügung.

Die vierte Phase behandelt die schwierigste Ebene des Konflikts: die Bedürfnisse.

Gleichzeitig stellt diese Phase den „Umkehrpunkt" des U-Prozesses dar, die Metanoia. Hier werden der Fragen bearbeitet: „Was ist mir wichtig? Was fehlt mir? Welche Anliegen habe ich? Was fehlt der anderen Partei? Was ist ihr wichtig? Welche Anliegen hat die andere Partei?" Wenn es gelingt, dass die Medianden die Bedürfnisse und Absichten der anderen Partei erkennen, nachzuvollziehen und respektieren, dann können beide Seiten gemeinsam beginnen Lösungen für ihr Miteinander zu entwickeln. Jetzt wird empathisch ausgesprochen und anerkannt, was die andere Seite im Ursprung motiviert hat.

Hier kann es auch zu erneuten Krisen kommen, die es erforderlich machen, noch einmal frühere Phasen der Konfliktbearbeitung wieder aufzusuchen.

In der fünften Phase geht es um Handlungsoptionen. Jetzt ist die Kreativität der Medianden gefordert, es werden Möglichkeiten gesammelt, gesichtet und sortiert, die für Lösungen infrage kommen. Es geht um gegenseitige Angebote und um ein sorgfältiges Nachfragen, ob diese oder jene Idee zur Lösung wirklich den Bedürfnissen der anderen Partei bestmöglich Rechnung trägt? Gleichzeitig achten Mediierende in dieser Phase darauf, dass auch über Aspekte nachgedacht und gesprochen wird, die das beidseitige Verhältnis der Medianden betreffen: „Was braucht unsere Beziehung? Welche Bedürfnisse hat das, was gerade zwischen uns entsteht?" Denn auch für das künftige Miteinander sollen in der Mediation belastbare Grundlagen gelegt werden.

Die sechste Phase besteht dann in der konkreten Ausarbeitung von Vereinbarungen. Es werden Widerstände bedacht, die sich in der einen oder anderen Form aus der Sache, den Funktionen der Parteien oder dem Umfeld ergeben können und Verabredungen für solche Fälle getroffen. Es sind konkrete Schritte zu planen, wie der Zustand erreicht werden kann, der den Absichten und Bedürfnissen der Medianden bestmöglich entspricht. Getroffene Vereinbarungen sollen „smart" sein: **s**pezifisch, **m**essbar, **a**ttraktiv, **r**ealistisch, **t**erminiert.

Die siebte Phase betrifft die Umsetzung der getroffenen Vereinbarungen. Insbesondere die Mediierenden sind in dieser Phase für eine ordentliche „Nachsorge" gefragt. Ohne eine regelmäßige Überprüfung des Status' der Umsetzung ist die Ergebnissicherung nicht gewährleistet.

Neben dem U-Prozess gibt es noch andere Verfahrensmodelle der metanoischen Mediation die etwas weniger stark die Gefühlsebene der Beteiligten ansprechen: das 5-stufige Phasenmodell nach Christoph Besemer (Besemer 2007) und die ALPHA-Struktur nach Anita Hertel (Hertel 2013). Allen ist das Prinzip des Umkehrpunkts eigen, der aus der Krise des Konflikts eine Chance der Kooperation macht, indem eine Änderung der Haltung der Medianden zum Konflikt unterstützt wird.

3.2   Methoden der Mediation

Aus der Vielzahl der Methoden seien hier nur einige beispielhaft beschrieben, um den Charakter dessen deutlich zu machen, was im Konfliktbearbeitungsverfahren der Mediation geschieht und verhandelt wird. Viele Methoden der Mediation unterstützen die Medianden in der Hinterfragung ihrer Standpunkte und Sichtweisen. Robert Musil hat den Begriff des Möglichkeitssinns geprägt (Musil 2013); wer auch in anderen Möglichkeiten als der einen, scheinbare realen denkt, kann seine Standardannahmen hinterfragen.

Genau darauf zielen viele Methoden der Mediation: den eigenen Standpunkt beweglich zu machen und Standardannahmen zu hinterfragen.

Solche Methoden sind darum auch über die Konfliktbearbeitung hinaus wertvoll, denn sie stärken unseren Sinn für das Mögliche und mindern unseren alltäglichen Bias.

Eine Voraussetzung jeder Mediation ist aber zunächst die Kommunikation mit den richtigen Worten.

Gewaltfreie Kommunikation

Die Erkenntnis, dass auch Sprache Gewalt enthalten kann, ist inzwischen weitestgehend Allgemeingut. Marshall B. Rosenberg war Psychologe, Unterstützer der Bürgerrechtsbewegung in den USA und 1984 Gründer des „Center for Nonviolent Communication" (Rosenberg und Chopra 2015). Er schuf die Grundlagen der Gewaltfreien Kommunikation (GFK) als Mittel der Konfliktklärung.

Die Grenzen dessen, was als Gewalt in der Sprache gelten muss, werden immer wieder kontrovers diskutiert. Aber grundsätzlich verstehen wir alle, dass Empathie und respektvolle Formulierungen Konflikte vermeiden helfen.

Gewaltfreiheit heißt nicht, dass man Sachverhalte oder Eindrücke nicht mehr kritisch oder auch ablehnend benennen darf. Aber die Sprache soll spezifisch sein. Denn ein verallgemeinerndes Sprechen verletzt, weil es auch jene und Umstände trifft, die mit dem spezifisch kritisierten Sachverhalt nichts oder in anderer Weise zu tun haben.

Eigentlich ist es nicht besonders schwer: Vermeide Pauschalisierungen, Verallgemeinerungen, Wertungen, Befehle, Vorwürfe, steile Behauptungen und Wörter wie beispielsweise „immer", „dauernd", „nie", „überhaupt" oder „typisch", „dumm", „egoistisch", „unfähig".

Die Grundregeln der Gewaltfreien Kommunikation lauten: Beschreibe Wahrnehmungen ohne Wertung, spreche eigene Gefühle aus, benenne Bedürfnisse und äußere Handlungserwartungen als Bitten. Es hilft immer, in der „Ich-Form" zu sprechen, offene Fragen zu stellen und wirkliches Interesse zu zeigen.

Eine problematische Form der Kommunikation im Konfliktfall ist die E-Mail. Werden noch weitere Personen in Kopie genommen, ist die Eskalationsstufe 4 mit einem Sprung erreicht: „Sorge um Image und Koalitionen" und es wird mit der Freiwilligkeit einer Mediation schwierig.

Das Rad der universellen menschlichen Bedürfnisse
Da Konflikte ihren Ursprung zumeist in Bedürfnissen haben, die von der anderen Partei nicht wahrgenommen werden, ist es wichtig, sich aller Bedürfniskategorien des eigenen Selbst bewusst zu sein. Hierfür dient das Rad der Bedürfnisse (Tschannen-Moran und Tschannen-Moran 2013). Insgesamt zehn Gruppen lassen sich unterscheiden: Bedürfnisse der Gruppen Autonomie, Herausforderung, Transzendenz, Ruhe, Empathie, Gemeinschaft, Sicherheit, Lebenserhalt, Arbeit und Ehrlichkeit. In diesen Gruppen gibt es wiederum vertiefende Aspekte. So gehören zur Gruppe der Empathie beispielsweise die Bedürfnisse nach Respekt, Verständnis, Akzeptanz, Wohlwollen, Liebe, Verbindung und Unterstützung. Bei der Betrachtung dieses Rades wird deutlich, dass es ein Vielzahl von Bedürfnissen gibt, deren Wahrnehmung eingeschränkt oder gar beschädigt werden kann. Die Aufgabe der Mediierenden ist es, die Medianden auf diese Vielfalt der Bedürfnisse beider Seiten aufmerksam zu machen und ihnen bei der Identifikation möglicher Einschränkungen oder Verletzungen von Bedürfnissen zu helfen.

Das innere Team
In diesem Konzept geht um unsere eigene, innere Kommunikation (Schulz von Thun und Stegemann 2025). In der Regel haben wir in uns unterschiedliche „Team-Mitglieder", die in Fragen zu unserem Handeln, Fühlen und Denken unterschiedliche Optionen anbieten. So ein „innerer Streit" kann bis zur Handlungslähmung führen. Bin ich mit mir einig oder streiten unterschiedliche Aspekte in mir um die Deutungs- oder Handlungshoheit? Nur wenn das innere Team sich einig ist, kann ich mich klar und eindeutig positionieren, mich authentisch verhalten. Die meisten von uns kennen diese Unsicherheiten. Die Mediierenden unterstützen die Medianden dabei, die Mitglieder ihres jeweiligen „inneren Teams" bewusst zu befragen und zu positionieren (Abb. 3.4).

Dafür gibt es verschiedene Techniken der „Externalisierung", z. B. die Aufstellung von Stühlen, auf denen eine mediierte Person Platz nimmt und jeweils eine Stimme ihres inneren Teams sprechen lässt, während die mediierende Person die Aussagen der „Team-Mitglieder" auf einem Flip-Chart notiert. Diese Methode kann außerhalb der eigentlichen Mediation angewandt werden, d. h. ohne die Teilnahme und Zeugenschaft der anderen Partei.

Abb. 3.4 Das innere Team

Drei Zonen Modell

In Bezug auf unsere Bedürfnisse können wir uns mental in drei Zonen befinden (Alexandra Neuhofer 2024). Die uns nächste ist die Sicherheitszone, hier sind wir entspannt, in Ruhe, unsere Bedürfnisse sind erfüllt; wir befinden uns in unserer „Mitte". Die sie umgebende ist die Herausforderungszone. Hier werden Bedürfnisse beeinträchtigt, hier kommen wir zur inneren Bewegung, zur Frage „Schaffe ich das?", zu Entwicklungs- und zu Lernprozessen, es gibt Anspannung.

Um diese herum befindet sich die Überforderungszone: Es werden Bedürfnisse grundsätzlich bedroht. Hier geht Bewusstsein verloren, Instinkte werden wachgerufen, archaische Notfallsysteme treten in Aktion je nach Veranlagung: Flucht, Angriff oder Totstellen. Die Energien werden auf „Überleben" ausgerichtet.

Die Mediierenden versuchen mit den Medianden herauszuarbeiten, in welcher der drei Zonen sie sich in Bezug auf welche Konfliktaspekte befinden.

Das ICH in Transaktion

Das Transaktionskonzept geht davon aus, dass im Konflikt unterschiedliche ICH-Zustände der Konfliktparteien aufeinander treffen (Berne 2021). Diesem Konzept zufolge verfügen wir über drei unterschiedliche ICH-Zustände: Das Kind-ICH, das Eltern-ICH und das Erwachsenen-ICH.

Im Kind-ICH leben wir unsere Bedürfnisse aus. Dazu gehören Spieltrieb, Neugierde, Spontanität, Sexualität. Hier sind auch die Gefühle der Anmut, Freude und der Zustand der Kreativität zu finden. Hier zeigen wir in unserem Verhalten Lachen, Humor, Verlegenheit, Weinen, Schmollen, Wutanfälle, eine starke Mimik. Typische Kind-ICH-Sätze sind: „Ich will…", „Mir doch egal…", „Keine Lust…", „Weiß ich doch nicht…".

Im Eltern-ICH kontrollieren wir spontanes Verhalten, kritisieren und verbessern andere und begründen unser Verhalten moralisch. Hier liegen die Fähigkeiten der Sorge, der Versorgung, und der Routine. In unserer Körpersprache runzeln wir beispielsweise die Augenbrauen, seufzen, erheben den Zeigefinger, dozieren, oder klopfen die Schulter des Anderen. Häufig verwendet das Eltern-ICH Sätze wie: „Wie ich gesagt habe…", „Nein und nochmal Nein.", „Das geht so gar nicht.", „Was fällt dir ein?".

Das Erwachsenen-ICH ist der Zustand, in dem wir Informationen aufnehmen, analysieren und abrufen, in dem wir reflektiert und ausgewogene Entscheidungen zu treffen suchen. Allerdings ist dieser Zustand auch nicht der schnellste, er ist keine Routine. Die Körpersprache ist gekennzeichnet durch Konzentration, Aufmerksamkeit, Interesse, Zugewandtheit. Verbal gibt es wenig typische Sätze des Erwachsenen-ICH: „Wie geht es Dir damit?", „Ich muss das noch überlegen."

Jeder ICH-Zustand hat grundsätzlich seine Berechtigung. Eine wesentliche Aufgabe des Erwachsenen-ICH ist es, zwischen den anderen beiden ICH-Zuständen zu vermitteln. Die Aufgabe der Mediierenden besteht darin, die Medianden auf mögliche Transaktionen zwischen ihren unterschiedlichen ICH-Zuständen im Konflikt aufmerksam zu machen und sie für die Konfliktklärung in ihrem Erwachsenen-ICH anzusprechen.

Der kontrollierte Dialog oder Aktives Zuhören

Im kontrollierten Dialog (Montada und Kals 2013) werden die Konfliktparteien dazu aufgefordert, für einen bestimmten Gesprächsabschnitt vor einer Antwort zunächst die Aussagen der anderen Partei zu wiederholen, zu paraphrasieren, sodass das Verständnis des Gesagten kontrolliert wird. Die Kontrolle kommt von dem, dessen Aussagen „paraphrasiert" werden. Diese Form des Dialogs erfordert allerdings, dass die Medianden schon so weit sind, sich zumindest eine Zeit lang aufeinander einzulassen. Es gibt die Möglichkeit des wörtlichen oder des sinngemäßen Paraphrasierens. Die Mediierenden machen es vor oder greifen unter Umständen auch in den Dialog ein, indem sie selber sagen, wie sie die Aussagen verstanden haben.

So geht man Satz für Satz und Aussage für Aussage vor und stärkt den Sinn für das vorurteilsfreie Zuhören.

Doppeln

Das Doppeln ist eine Methode aus dem Psychodrama (Hutter 2002). Wenn es einer Konfliktpartei nicht gelingt, die eigenen Gefühle und Bedürfnisse auszusprechen, bleibt das Gespräch an der Oberfläche. Die mediierende Person spricht in einem solchen Fall stellvertretend für den Medianden aus, was diesen zu bewegen scheint. Wichtig dabei ist, dass die mediierende Person für diesen Versuch das Einverständnis des Medianden einholen: „Darf ich einmal versuchen, etwas auszusprechen, was Sie gerade bewegt?".

Die Aussagen werden in ICH-Form formuliert. Es wird zunächst beim Medianden nachgefragt, ob oder zu wieviel Prozent ungefähr das Ausgesprochene stimmt. Erst dann wird die andere Partei einbezogen: „Was kannst Du zu dem sagen, was Du gehört hast"?

3.3 Elemente einer mediativ organisierten Wissenschaftseinrichtung

Unter einer mediativen Wissenschaftseinrichtung sei hier eine solche verstanden, in der die Subjektivität der Standpunkte aller Mitarbeitenden positiv genutzt wird, um möglichst umfassende Sachzusammenhänge zu erschließen. Objektivität ergibt sich aus einer möglichst großen Anzahl an subjektiven Wahrnehmungsurteilen.

Wenn viele Standpunkte gehört und nachvollzogen werden können, dann entwickelt eine Wissenschaftseinrichtung tragfähige Strategien, eine gesunde Fehlerkultur, lebendige Kommunikationsstrukturen, ein gutes Konfliktmanagement und ist effizient in der Bearbeitung wissenschaftlicher Fragestellungen.

Das Ziel einer mediativ organisierten Wissenschaftseinrichtung ist es nicht, Konflikte zu vermeiden. Im Gegenteil anerkennt sie die Unvermeidlichkeit von Bias und daraus resultierenden Konflikten. Schon vor 70 Jahren entstand die Theorie, dass Konflikte ein Entwicklungspotenziale haben, das es zu nutzen gilt. So schrieb Lewis A. Coser 1956, dass soziale Konflikte positive Funktionen erfüllen können, indem sie soziale Strukturen verändern und Innovationen fördern (Coser 1956).

Die Potenziale unterschiedlicher Sichtweisen zu erkennen und sie als Anlass zu nutzen, einerseits für die Klärung von Interessen und Bedürfnissen, andererseits auch für den wissenschaftlichen Diskurs, macht mediativ organisierte Wissenschaftseinrichtungen stark und effizient.

Der Anspruch der Wissenschaftseinrichtung an sich selbst sollte klar formuliert sein in einem „Code of Conduct", der beispielsweise die Bedeutung gewaltfreier, wertschätzender Kommunikation herausstellt. Auch andere Aspekte der Zusammenarbeit, beispielsweise im Umgang mit Forschungsdaten, mit Anlagen in den Laboren oder mit der Software von Kollegen lassen sich mit einem solchen Verhaltenskodex grundsätzlich vereinbaren und festlegen.

Die Einrichtung, Pflege und Durchführung unterschiedlicher Kommunikationsformate ist hilfreich. Was zunächst der Informationsvermittlung dient, wird bei Präsenztreffen auch ‚Nebenwirkungen' des Gedankenaustauschs, der Verständigung zur Folge haben. Präsenz fördert Verständnis mehr als Online-Treffen. Das können auch Veranstaltungsformate sein, die aus dem Arbeitsalltag herausragen, wie externe Workshops.

Mediative Organisationsformen kennzeichnet Transparenz: es wird möglichst viel an Information geteilt. Interessanterweise kann hier auch das Controlling eines Instituts von großer Bedeutung sein, denn nicht wenige Konflikte auf Führungsebene entzünden sich an Budgetfragen. Über die wirtschaftlichen Verhältnisse der anderen Abteilungen und Teams transparent informiert zu sein, birgt einiges Konfliktpotenzial. Aber Transparenz bedeutet, dass Konflikte auf einer Sachebene behandelt werden können. Nach der Aushandlung von Lösungen werden im Controlling Regeln und Ausgleichsmechanismen durch die Beteiligten vereinbart.

Ein Qualitätsmanagementsystem und eine Zertifizierung nach ISO 9001 können relevante Beiträge zu einer mediativen Wissenschaftseinrichtung liefern (IHF 2023; Schmidt 2016), denn sie fordern und fördern die Einrichtung von transparent organisierten Verantwortungen sowie Informations-, Abstimmungs- und Entscheidungsprozessen. Sie unterstützen damit auch die Zusammenarbeit von Teams, die beispielsweise unterschiedliche Kernprozesse der Forschung verantworten.

Auch die Gestaltung von Begegnungsräumen gehört dazu. Das können neben den besagten Kaffeeküchen auch entsprechend eingerichtete Kreativräume sein.

Begegnungsräume in erweitertem Sinn sind Formate, die der Konfliktaustragung auf den niedrigsten Eskalationsstufen dienen und in denen frühzeitig Verständnis erworben und Abstimmungen vereinbart werden. Dazu zählen Fachkolloquien, kollegiale Beratungsangebote, Austauschformate und Regeltermine zu gemeinsamen Themen.

Eine flache Hierarchie ist förderlich. Selbststeuernde, in sich autonome Teams, wie sie beispielsweise Frederic Laloux (Laloux 2015) vorschlägt, sind in vielen Arbeitszusammenhängen sehr effizient. Allerdings müssen die der Arbeit zugrunde liegenden Prozesse und Verantwortlichkeiten klar strukturiert sein, was in einem Wissenschaftsbetrieb nicht unbedingt der Fall ist. Eine flache Hierarchie fördert auch die Vertrauenskultur sowie die Mandatierung der Mitarbeitenden, wenn sie im Sinne der schon genannten Transparenz explizit gemacht wird.

Partizipative Entscheidungsstrukturen sind ein wichtiges Element mediativer Organisationsformen. Sie mögen zunächst langwierig und wenig effizient sein und sind sicher ungeeignet, wenn eine schnelle Reaktion gefordert ist. Für solche Fälle braucht es immer mandatierte Verantwortungsträger. Aber wenn es um langfristige strategische Entscheidungen für die Forschungsausrichtung, um Organisationsentwicklungen oder große Investitionen geht, dann bietet gerade eine große Zahl an Teilnehmenden mit ihren individuellen Sichtweisen im Entscheidungsprozess die Chance, den Bias Einzelner oder einer kleinen Gruppe zu mindern oder ganz zu vermeiden.

Was für die Gesundheit des Menschen die Bewegung, ist für eine Organisation ihre Veränderungsbereitschaft. Es sollte immer Elemente, Gremien, Menschen mit entsprechendem Mandat in einer Wissenschaftseinrichtung geben, die diese hinterfragen dürfen. Idealerweise sind in einer partizipativen Führungs- und Entscheidungsstruktur durch die Mitwirkenden ausreichend Sichtweisen vertreten, die eine Veränderung der Organisation in Gang halten.

Schließlich ist es sinnvoll, wenn möglichst viele Mitarbeitende einer solchen Organisation selbst über Methodenkompetenz in der Mediation verfügen, d. h. eine diesbezügliche Ausbildung absolvieren. Wie ausgeführt nicht primär, um im Falle von Konflikten als Mediatoren tätig zu werden – das dürfte unter Kollegen eher schwierig sein –, sondern vielmehr, um im Alltag Variationen und Weiterentwicklungen dieser Methoden praktisch und persönlich für Perspektivwechsel einsetzen zu können.

Diese kleine Sammlung an Elementen einer mediativen Organisationsform ist natürlich nicht vollständig und gewiss nicht immer passend. Wesentlich ist aber, dass die Form, wie eine Einrichtung sich organisiert, starke Wirkung auf die Zusammenarbeit entfaltet.

Interviews

4

4.1 Aus der Wissenschaft

Interview mit Gerko Wende,

Direktor des DLR-Instituts für Instandhaltung und Modifikation, Hamburg

MW Wie viele Mitarbeitende hat dein Institut und was für Konflikte treten bei euch auf?

GW Aktuell sind wir 70 Mitarbeitende. Da gibt es eine ganze Menge Konflikte sowohl im wissenschaftlichen als auch im administrativen Bereich. Das ist ähnlich, wie bei einem Eisberg: was ich mitbekomme ist nur die Spitze. Ich würde schätzen, dass 10 %, vielleicht 20 % der Konflikte bis zu mir kommen (Abb. 4.1).

MW Hast du Instrumente am Institut geschaffen für den Umgang mit Konflikten?

GW Miteinander reden hilft. Ich habe verschiedene Formate etabliert, wo miteinander geredet wird: Institutsversammlungen, Tech-Talks, Promovierenden-Stammtisch, Promotionskolloquien, Abteilungskolloquien, wöchentliche Leitungsrunde, Führungsrunden – die ohne mich stattfinden –, Führungsworkshops und einen Institutsworkshop. Sehr anstrengend, aber sehr effektiv.

MW Hast du Regeln, wenn du in einen Konflikt involviert wirst?

GW Zuhören und verstehen, welche Involvierten es in diesem Konflikt gibt. Dann die Konfliktparteien zusammenbringen. Wenn man ein Verständnis geschaffen hat und transportieren konnte, dann sind bei leichteren Konflikten die Konfliktparteien selbst in der Lage das zu regeln. Oft fordere

© Der/die Autor(en) 2026

M. Wiedemann, *Mediation in der Wissenschaft*, essentials,

https://doi.org/10.1007/978-3-658-49022-5_4

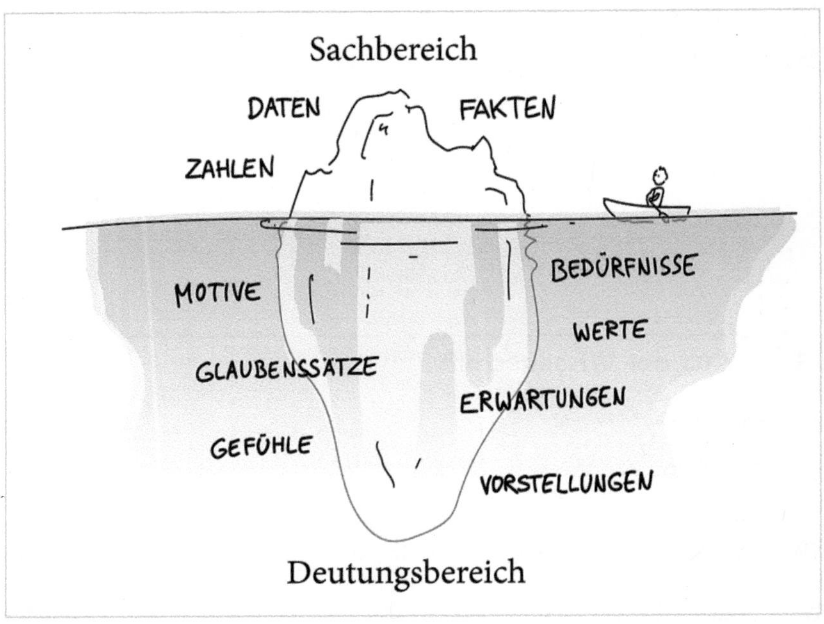

Abb. 4.1   Sichtbare und unsichtbare Konfliktaspekte

	ich die Partei, die mir gegenübersteht, auf, sich Gedanken zu machen, was sie selbst erreichen möchte nach der Konfliktlösung.
MW	Hast du eine Empfehlung für einen guten Umgang mit Konflikten?
GW	Den Konflikt wahrnehmen. Nicht ignorieren, sondern aktiv angehen. Wenn einem selbst die Lösung nicht möglich ist, externe Profis ranholen.
MW	Gibt es bei Konflikten aus deiner Erfahrung einen Unterschied zwischen Industrie und Wissenschaft?
GW	Definitiv. Ich würde sogar noch weitergehen. Man könnte anfangen mit Handwerk, dann Industrie und dann Wissenschaft. Auf dem Bau werden Konflikte sehr schnell mit sehr klaren Worten gelöst. Das schwelt in der akademischen Welt der Ingenieure schon ein bisschen länger und kann auch relativ schnell subtil werden. In der Wissenschaft ist es noch anders. Manchmal arbeiten Wissenschaftler auch im Team, aber immer auf Zeit. Wenn du ein Team aus Ingenieuren hast, dann sind das Gleiche unter Gleichen. In der Wissenschaft ist die Seniorität deutlich stärker in der

Zusammenarbeit, also wer „Ober" und wer „Unter" ist. Das macht das Ganze schon schwieriger, konfliktbehafteter.

Ich glaube, dass du mit einer industrieorientierten Mediation in der Wissenschaft nicht weiterkommst, weil du dann versuchst, klassische Teamkonflikte zu lösen. In der Wissenschaft ist die Community eines Einzelnen möglicherweise gar nicht in dem organisatorischen Kontext eines Instituts, sondern in Kongressen, wissenschaftlichen Welten außerhalb. Es kann sein, dass Mitarbeiter mehr Kontakt zu Mitarbeitenden in anderen Instituten haben als zu dem eigenen. Da spannt sich ein Bogen bis in internationale Bereiche, die große weite Welt der Konferenzen und Kongresse. Das ist die Welt, um die muss man wissen, um dann bei Konflikten vor Ort wirklich effektiv helfen zu können.

Interview mit Markus Rapp,

Direktor des DLR-Instituts für Physik der Atmosphäre, Weßling

MW Wie häufig schätzt du, dass es zu Konflikten unter den Mitarbeitenden an deinem Institut kommt?

MR Mein Gefühl ist, dass das gar nicht so wenige sind. Bei mir kommt schon etwa einer pro Monat an. Wir sind über 200 Mitarbeitende. Dass es da regelmäßig zu Konflikten aller Art kommt, liegt in der Natur der Menschen.

MW Kannst du etwas zu dem Konfliktthemen sagen?

MR Wenn es um die Forschung geht, vertritt beispielsweise Gruppe A eine Meinung zu einem bestimmten Thema und Gruppe B die entgegengesetzte Meinung. Das ist dann ein Konflikt in der Frage, wie sich das Institut in der Außendarstellung positioniert. Dann gibt es auch Streitereien bei Co-Autorschaften – wobei das sind eigentlich die einfachen Fälle, die lassen sich normalerweise schnell lösen. Und dann gibt es die persönlichen Konflikte.

MW Betrifft der kleinere oder der größere Teil an Konflikten die Wissenschaft?

MP Es gibt schon diese inhaltlichen Auseinandersetzungen. Oft lässt sich dabei das Persönliche aber nicht so vom Wissenschaftlichen trennen. Schnell werden persönliche Eitelkeiten mit inhaltlichen Positionen verbunden: „Wer kriegt die Anerkennung?" „Das ist doch eigentlich von mir." „Warum stellt diese Person das jetzt vor?" Da geht es ja nicht um Wissenschaft im engsten Sinne, sondern um Empfindlichkeiten, Eitelkeiten. Das, was den Menschen ausmacht.

MW   Hast du am Institut Vorkehrungen für Konfliktfälle getroffen?

MP   Wir haben am Institut Promotionskomitees installiert aus Gutachter-, Betreuungs- und Mentorpersonen. Eine Mentorperson ist dafür da, zu vermitteln, falls es zu irgendwelchen Konflikten kommt.
Wir haben eine Kultur der offenen Kommunikation etabliert, die den Kolleginnen und Kollegen signalisiert: bei Problemen steht die Tür auf. Notfalls auch unter Umgehung des Dienstweges. Also, wenn es wirklich brennt, dann kann jede und jeder auch zu mir kommen.
Bei gravierenden wissenschaftlichen Konflikten habe ich Diskussionsforen eingerichtet. In einem Fall war das so extrem, dass ich zusätzlich darauf bestanden habe, dass wir ein Dokument verfassen, welches die Position des Instituts schriftlich niedergelegt. Dass draußen nicht die einen so sagen und die anderen so. Das hätte massiv geschadet in der Außenwahrnehmung, in den Projekten.

MW   Wie gehst du als Vorgesetzter mit Konflikten um?

MR   Der erste Schritt ist immer hinsetzen und zuhören. Der zweite Schritt ist in der Regel dann, mit anderen Personen erstmal reden und zuhören. Und dann ist die Frage, was ist das für ein Konflikt? Ist das etwas, wo man selber vermitteln kann oder, wo man besser eine externe Vermittlung einschaltet? Die Spannbreite geht von „Man macht zwei, drei Gespräche und kommt zu einer Vereinbarung" bis hin zu „Das gesamte Institut muss involviert werden".

MW   Was wäre deine Empfehlung zum Umgang mit Konflikten?

MR   Dass die Führungskräfte Konflikte ernst nehmen und dafür ansprechbar und willens sind, für Lösungen zu sorgen. Ich glaube, Konflikte kann man als Führungskraft gar nicht ernst genug nehmen. Das Schlimmste, was du machen kannst, ist, einen Konflikt zu ignorieren und zu denken „Ach das wird schon wieder". Das kann einem das Institut um die Ohren fliegen lassen.

4.2   Aus der Beratungspraxis

Interview mit Karsten Roth,

Hauptabteilungsleitung Personal- und Organisationsentwicklung im DLR

MW Du bist für die Personalentwicklung im DLR verantwortlich und über-
blickst einen großen Personenkreis. Welche Unterstützung bietet deine
Abteilung für Konfliktfälle?

KR Wir werden aktiv, wenn Führungskräfte, und Mitarbeitende auf uns
zukommen und eine Unterstützung erfragen. Bei uns sind Konfliktmoderation und Coaching Service-Produkte neben anderen.

Wichtig ist die Auftragsklärung. Vieles, was zunächst so aussieht, ist gar
kein Konflikt.

Zum Beispiel wünscht eine Führungskraft eine Moderation zwischen zwei
Personen aus ihrem Team und in der Auftragsklärung stellt sich heraus,
dass sie eine unangenehme Aufgabe auslagern will.

Andersherum gibt es auch die Situation, dass eine Führungskraft einen
Team-Workshop wünscht und bei der Auftragsklärung stellt sich her-
aus, dass es keinen Workshop braucht, sondern einzelne Personen einen
Konflikt haben, in den sie das ganze Team mit hineinziehen.

Bei vielen Fällen hilft schon die Auftragsklärung. Oft ist der Konflikt
durch eine Rollenklärung zu lösen.

Eine Konfliktmoderation geht immer über externe Moderatoren und
Mediatoren oder Coaches. Es muss dann auch Kostenstellenverantwort-
liche (Führungskräfte) geben, die bereit sind, diese Konfliktmoderation
zu bezahlen.

MW Gibt es eine Tendenz über die letzten Jahre?

KR Grundsätzlich gibt es keine Tendenz der Zu- oder Abnahme von Anfragen
an die Personalentwicklung.

MW Braucht es zusätzlich zur Moderation noch Mediation?

KR Die Unterscheidung zwischen Mediation und Moderation machen wir
nicht. Das ist für die Kunden oft nicht erkennbar. Konfliktmoderation
kommt oft besser an, als der Begriff Mediation. Mediation wird mitunter mit einer gerichtlichen Mediation gleichgesetzt. Das baut eine Hürde
auf. Bei einer Moderation ist der Einstieg einfacher. Im Gespräch werden
beide Begriffe dann gleichwertig verwendet.

MW Gibt es typische „Wissenschaftlerkonflikte"?

KR Tendenziell nein. Konflikte, die bei uns ankommen, betreffen oft unklare
Rollenverantwortungen oder Aufgabenbereiche, weniger persönliche Themen. Das sind typische Fragen in jeder Organisation.

MW Erfährt die Personalentwicklung aus anderen Bereichen von Konfliktthemen, z. B. der Ombudsstelle?

KR   Nein. Manchmal wendet sich der Betriebsrat mit Hinweisen an uns. Aber
      sobald eine externe Instanz etwas veranlasst, wird es ja mit der Mediation
      oder Moderation schon schwierig, weil dann die Freiwilligkeit nicht mehr
      gegeben ist.

MW   Worum geht es bei der Konfliktmoderation primär?

KR   Es geht um Perspektivwechsel. Wegkommen von scheinbar kausalen
      Zusammenhängen. Ich stelle die Frage: Was würde eine andere Person
      sagen, wenn sie auf die Situation schaut?

Interview mit Judith Kölling,

Mediatorin, Supervisorin, Ad-Pacem

MW   Du arbeitest als Mediatorin und Supervisorin. Wie unterscheiden sich
      diese beiden Tätigkeiten, wo gibt es Gemeinsamkeiten?

JK   Die zentrale Gemeinsamkeit ist Klärung. Der Unterschied liegt vor
      allem im Anwendungsbereich: Supervision bezieht sich auf das beruf-
      liche Umfeld, Mediation kann alle Lebensbereiche betreffen. Supervision
      begleitet längerfristige Entwicklungen, Mediation ist meist auf eine
      konkrete Situation begrenzt. Mediation kommt ursprünglich aus dem
      juristischen Bereich, Supervision aus der sozialen Arbeit. In der Media-
      tion stehen meist zwei Parteien im Fokus, bei der Supervision sind es oft
      Teams oder Gruppen.

MW   Siehst du Unterschiede im Konfliktverhalten von Akademikern und Nicht-
      Akademikern?

JK   Ich glaube, größere Unterschiede gibt es eher zwischen Fachrichtungen
      als zwischen Akademikern und Nicht-Akademikern. Die berufliche Sozia-
      lisation prägt stark. Menschen streiten, wie es in ihrem Arbeitsfeld üblich
      ist. Im juristischen Bereich geht es sachlich-rational zu, im pädagogischen
      Bereich gibt es stärker emotionale Verhaltensmuster, bei OP-Teams im
      Krankenhaus herrscht ein starkes Entweder-oder-Denken. Und je höher
      die eigenen Ideale, desto empfindlicher wird man im Streit.

MW   Welche Bedeutung hat für dich der Begriff Bias?

JK   Der Begriff wird weder in der Supervision noch in der Mediation direkt
      verwendet, das Phänomen gibt es aber natürlich. In der Mediation geht
      es oft darum, wie Menschen Situationen wahrnehmen und deuten. In
      der Supervision sind unbewusste Muster zentral – dort spricht man von
      blinden Flecken oder dem, was nicht ausgesprochen werden darf. In der

Supervision wird stärker an diesen unbewussten Verzerrungen gearbeitet, während in der Mediation oft nicht genug Zeit dafür bleibt.

MW Unterscheiden sich Konflikte im beruflichen und privaten Bereich?

JK Der Eindruck täuscht häufig. Auch im beruflichen Bereich sind reine Sachkonflikte sehr selten. Fast immer stecken dahinter Beziehungsthemen oder unterschiedliche Wertvorstellungen, auch wenn es anfangs anders aussieht.

MW Beobachtest du einen Anstieg von Anfragen?

JK In der Supervision ja, vor allem aus Bereichen, die das bisher kaum kannten, wie Polizei, Krankenhäuser oder Kindertageseinrichtungen. In der Schule bleibt Supervision bislang die Ausnahme. Nach Corona sind die Anfragen gestiegen. Mediation wird dabei oft ergänzend eingesetzt. Wichtig ist, dass Mediation und Supervision von unterschiedlichen Personen durchgeführt werden. In beiden Rollen ist Allparteilichkeit wichtig, aber in der Supervision arbeite ich auch bewusst mit Parteilichkeit, um verdeckte Themen sichtbar zu machen. Entscheidend ist, diesen Rollenwechsel professionell zu steuern.

MW Wie denkst Du in diesem Kontext über Strukturen von Organisationen?

JK Ich sehe Parallelen zwischen wissenschaftlichen Einrichtungen und weltanschaulichen Institutionen: das Bedürfnis, das Eigene zu schützen. Konfliktverhalten sagt viel über eine Organisation aus. Wenn man die Kultur wirklich verändern will, muss man die Institution als Ganzes einbeziehen, nicht nur Einzelpersonen. Sonst bleiben Veränderungen an engagierten Personen hängen, ohne strukturell etwas zu verändern. Themen wie Macht, Ausgrenzung und Angst müssen stärker in den Blick genommen werden, wenn man eine nachhaltige Konfliktkultur aufbauen will.

Zusammenfassung 5

Das Ziel dieser Ausführungen ist es, den Wert der Mediation für die Wissenschaft skizzenhaft herauszuarbeiten und sie im Kontext des Konfliktmanagements von Wissenschaftseinrichtungen einzuordnen.

Mediation fördert die Kommunikation und die Fehlerkultur und vermittelt Werkzeuge zur Reduktion von Bias in der Wissenschaft.

Mediation dient nicht der Feststellung eines Fehlverhaltens. Sie spricht nicht „Recht" und berät auch nicht, ist allparteilich und unterstützt Konfliktparteien in der eigenverantwortlichen Entwicklung von Lösungen für ihr Thema. Damit stellt Mediation ein komplementäres Element zu anderen Instanzen des Konfliktmanagements einer Einrichtung dar.

Mediation ist in der Wissenschaft keine Selbstverständlichkeit, weil wissenschaftlich Arbeitende die Objektivität suchen und sich als ‚Kopf-Menschen' verstehen. Sie sprechen weniger über Bedürfnisse oder von Subjektivität. Dabei sind es diese Aspekte, die Konflikte zumeist prägen.

Wird Mediation nicht nur als Verfahren der methodenbasierten Konfliktbehandlung eingesetzt, sondern in der Ausbildung der Mitarbeitenden verankert, so kann ein von allen Menschen getragenes Verständnis dessen entstehen, was Konflikte bedingt und wie sie sich angemessen lösen lassen.

Mediation unterstellt die Verantwortungsfähigkeit und Bereitschaft aller Menschen, eigenverantwortlich gute Konfliktlösungen zu entwickeln. Die Grundhaltung mediierender Menschen ist die Allparteilichkeit: es gibt im Ursprung jedes Konflikts keine Schuldigen. Das Verfahren der Mediation anerkennt das komplexe System hinter dem Konfliktgeschehen und arbeitet dieses prozessorientiert auf.

Die Methoden der Mediation helfen den Konfliktparteien bei der Wiedererlangungen ihrer Standpunktbeweglichkeit, der Stärkung ihres Möglichkeitssinns

M. Wiedemann, *Mediation in der Wissenschaft*, essentials,
https://doi.org/10.1007/978-3-658-49022-5_5

und dem Erkennen von Wahrnehmungsverzerrungen indem sie Perspektivwechsel anbieten. Dadurch gelingt die Transformation von Konfliktenergie in Lösungsarbeit.

Eine nach mediativen Grundsätzen gestaltete wissenschaftliche Organisation baut auf Partizipation, Transparenz, Kommunikation, vielfältigen Begegnungsformaten, Veränderungsbereitschaft und klaren Prozessen als Bausteinen auf.

Einige Beispiele aus der Praxis verdeutlichen den Bedarf an Konfliktlösungsstrategien im Wissenschaftsbetrieb.

Auch wenn diese Ausführungen auf den Erfahrungen in einer ingenieurswissenschaftlichen Einrichtung aufbauen, nehme ich an, dass sich die Empfehlungen auch auf andere Wissenschaftsdisziplinen anwenden lassen.

Die Anwendung der Grundsätze der Mediation im wissenschaftlichen Alltag fördert die Kommunikation, die Zusammenarbeit, die Fehlerkultur und die Vermeidung von Bias.

Die Beachtung der Grundsätze der Mediation hilft sowohl bei der Bearbeitung entstehender Konflikte unter Mitarbeitenden als auch im Alltag jeder Wissenschaftseinrichtung.

Was Sie aus diesem *essential* mitnehmen können

- Mediation in der Wissenschaft dient guter Kommunikation, effizienter Fehlerkultur und hilft bei der Vermeidung von Bias in der Gewinnung von Erkenntnissen.
- Mediation ist eine eigenständige Instanz im Konfliktmanagement von Wissenschaftseinrichtungen.
- Mediation ist ein strukturierter Prozess in der Eigenverantwortung der Konfliktpartner.
- Die Methoden der Mediation zielen auf Perspektivwechsel der Konfliktpartner für die Lösungsfindung.
- Wissenschaftseinrichtungen können in ihrer Organisation gezielt mediative Elemente einbauen.

Literatur

A. Rommel, M. Bailey. „Conflict Resolution and Mediation Programs in Higher Education: Institutional Need, Benchmarking, Development, and Evaluation.", 2016. Zuletzt geprüft am 24.01.2025. https://www.rit.edu/advance/sites/rit.edu.advance/files/docs/Expanded_Conflict_Res_Mediation_Report_05.01.17_final.pdf.

Alexandra Neuhofer. „Konflikte sind heilbar." Letzte Aktualisierung 22.03.2024. https://www.springermedizin.at/konflikte-sind-heilbar/26850622.

Altvater, Lothar, Eberhard Baden, Sebastian Baunack, Peter Berg, und Martina Dierßen. *BPersVG – Bundespersonalvertretungsgesetz: Mit Wahlordnung und ergänzenden Vorschriften sowie vergleichenden Anmerkungen zu den Landespersonalvertretungsgesetzen.* 11., überarbeitete und aktualisierte Auflage. Kommentar für die Praxis. Bund-Verlag, 2023.

Anne Schwarz. „Erhebung der Konflikte in der LUH 2004–2005." 3. Netzwerktreffen Konfliktmanagement und Mediation, Hannover, 05.10.2012. Zuletzt geprüft am 28.01.2025. https://medien.his-he.de/fileadmin/user_upload/Veranstaltungen_Vortraege/2012/3._Netzwerktreffen_Konfliktmanagement_und_Mediation/01_Schwarz.pdf.

Atkin, David, M. Keith Chen, und Anton Popov. „The Returns to Face-to-Face Interactions: Knowledge Spillovers in Silicon Valley.", Cambridge, MA, 2022.

Ballreich, Rudi, und Friedrich Glasl. *Konfliktmanagement und Mediation in Organisationen: Ein Lehr- und Übungsbuch mit Filmbeispielen zum Streamen.* 2. Auflage. Buch-&-Film-Reihe Professionelles Konfliktmanagement. Concadora, 2019.

Berne, Eric. *Spiele der Erwachsenen: Psychologie der menschlichen Beziehungen.* 22. Auflage. rororo 61350. Translated by Wolfram Wagmuth. Rowohlt-Taschenbuch-Verlag, 2021.

Besemer, Christoph. *Mediation: Vermittlung in Konflikten.* 12. Aufl., 36.-40. Tsd. Stiftung Gewaltfreies Leben; Werkstatt für Gewaltfreie Aktion Baden, 2007.

Bundesverband für Mediation e.V. „MediatorIn suchen." Zuletzt geprüft am 19.01.2025. https://www.bmev.de/mediation/mediatorin-finden/mediatorin-suchen.html.

Burian, Julia, Johanna S. Radtke, und Julian Schulte. „Stress und Zeitdruck – Situation von wissenschaftlichen Mitarbeitenden seit COVID-19." *DGUV Forum*, Nr. 7 (2022). https://forum.dguv.de/ausgabe/7-2022/artikel/stress-und-zeitdruck-situation-von-wissenschaftlichen-mitarbeitenden-seit-covid-19.

Coser, Lewis A. *The Functions of Social Conflics.* International Library of Sociology. Taylor and Francis, 1956. https://ebookcentral.proquest.com/lib/kxp/detail.action?docID=1075051.

DFG. „Leitlinien zur Sicherung guter wissenschaftlicher Praxis." Letzte Aktualisierung 17.07.2024. https://www.dfg.de/de/grundlagen-themen/grundlagen-und-prinzipien-der-foerderung/gwp/kodex.

Europa-Universität Viadrina. „Mediation und Konfliktmanagement (M.A./LL.M.)." Letzte Aktualisierung 13.09.2024. https://www.europa-uni.de/de/studium/studienangebot/wb-ma-mediation-und-konfliktmanagement/index.html.

Fachhochschule Kiel. „Schlichtungsstelle." Zuletzt geprüft am 19.01.2025. https://www.fh-kiel.de/wir/organisation/gremien/schlichtungsstelle/?utm_source=chatgpt.com.

FernUniversität in Hagen. „Master of Mediation." Zuletzt geprüft am 20.01.2025. https://www.fernuni-hagen.de/studium/studienangebot/weiterbildung/weiterbildung-mediation-master.shtml.

FH Potsdam. „Weiterbildung Mediation und Konfliktmanagement." Letzte Aktualisierung 20.01.2025. https://www.mediationsweiterbildung.de/.

Fischhoff, Baruch. „Hindsight is not equal to foresight: The effect of outcome knowledge on judgment under uncertainty." *Journal of Experimental Psychology: Human Perception and Performance* 1, Nr. 3 (1975): 288–99. https://doi.org/10.1037/0096-1523.1.3.288.

Glasl, Friedrich. *Konflikt, Krise, Katharsis und metanoische Mediation Friedrich Glasl.* Erweiterte Neuausgabe. Verlag Freies Geistesleben, 2023.

Glasl, Friedrich, Tiziana Bruno, Susanne Er, und Ulrich Hartmann. *Heiße und kalte Konflikte in Organisationen: Anregungen für MediatorInnen, Konfliktlotsen, interne BeraterInnen und Betroffene.* Buch-&-Film-Reihe Professionelles Konfliktmanagement. Stuttgart: Concadora-Verl., 2012. 1 DVD-Video (70 Min.).

Goethe-Universität. „Psychotherapeutische Beratungsstelle (PBS)." Zuletzt geprüft am 19.01.2025. https://www.uni-frankfurt.de/120593878/Psychotherapeutische_Beratungsstelle__PBS.

Hertel, Anita von. *Professionelle Konfliktlösung: Führen mit Mediationskompetenz.* 3., überarb. und aktualisierte Aufl. Campus-Verl., 2013. http://ebooks.ciando.com/book/index.cfm/bok_id/479943.

Hess, Harald, Michael Worzalla, Dirk Glock, Andrea Nicolai, Franz-Josef Rose, und Kristina Huke. *Kommentar zum Betriebsverfassungsgesetz Harald Hess, Michael Worzalla, Dirk Glock, Andrea Nicolai, Franz-Josef Rose [und weitere].* 11. Auflage. Hermann Luchterhand Verlag, 2021.

Hirsch, J. E. „An index to quantify an individual's scientific research output." *Proceedings of the National Academy of Sciences of the United States of America* 102, Nr. 46 (2005): 16569–72. https://doi.org/10.1073/pnas.0507655102. https://www.pnas.org/doi/pdf/10.1073/pnas.0507655102.

HIS-HE. „Wir gestalten Hochschulzukunft!" Letzte Aktualisierung 24.01.2025. https://his-he.de/.

Hoormann, Josef, und Alfons Matheis. *Konfliktmanagement in Hochschulen: Aspekte systematischer Konfliktberatung in ausgewählten Hochschulen der Bundesrepublik.* Kooperationsstelle Hochschule und Gewerkschaften Frankfurt-Rhein-Main, 2014. https://www.boeckler.de/pdf_fof/91405.pdf.

Hoormann, Josef, und Alfons Matheis. *Konfliktmanagement in Hochschulen: Aspekte systematischer Konfliktberatung in ausgewählten Hochschulen der Bundesrepublik Deutschland*. 1. Aufl. Kooperationsstelle Hochschule und Gewerkschaften Frankfurt-Rhein-Main, 2014.

Hösl, Gattus. „Das Potenzial der Transformativen Mediation." *Zeitschrift für Konfliktmanagement* 14, Nr. 5 (2011): 136–40. https://doi.org/10.9785/ovs-zkm-2011-136. https://www.degruyter.com/document/doi/10.9785/ovs-zkm-2011-136/html.

Humboldt-Universität zu Berlin. „Hilfe in Konfliktfällen." Zuletzt geprüft am 19.01.2025. https://www.humboldt-graduate-school.de/de/services/konflikte.

Hutter, Christoph. *Psychodrama als experimentelle Theologie: Rekonstruktion der therapeutischen Philosophie Morenos aus praktisch-theologischer Perspektive*. 2. Aufl. Theologie und Praxis 7. Lit, 2002. Zugl.: Münster (Westfalen), Univ., Diss., 2000. http://www.socialnet.de/rezensionen/isbn.php?isbn=978-3-8258-4666-4.

IHF. „Governance in Wissenschaftsorganisationen: Konstruktiver Umgang mit Konflikten und Vorwürfen." Letzte Aktualisierung 07.02.2025. https://www.ihf.bayern.de/veranstaltungen/tagungen/governance-in-wissenschaftsorganisationen-2023?.

Institut der deutschen Wirtschaft. „Der Krankenstand in Deutschland." *IWD*, 21.01.2025. Zuletzt geprüft am 26.01.2025. https://www.iwd.de/artikel/krankenstand-in-deutschland-498654/.

Ioannidis, John P. A. „Why most published research findings are false." *PLoS medicine* 2, Nr. 8 (2005): e124. https://doi.org/10.1371/journal.pmed.0020124.

Jacob Bronowski. „The Ascent of Man." Letzte Aktualisierung 1973. https://www.bbc.com/historyofthebbc/anniversaries/may/the-ascent-of-man.

Jerome T. Barrett, und Joseph Barrett. *A History of Alternative Dispute Resolution: The Story of a Political, Social, and Cultural Movement*. Published by Jossey-Bass A Wiley Imprint, 2004. Zuletzt geprüft am 24.01.2025. https://www.mediationhistory.org/wp-content/uploads/2020/10/A-History-of-Alternative-Dispute-Resolution-The-Story-of-a-Political-Social-and-Cultural-Movement-by-Jerome-T.-Barrett-Joseph-Barrett-z-lib.org_.pdf.

Joachim von Bargen. „Konsensuale Konfliktlösung auf dem Campus – Mediation in öffentlich-rechtlichen Hochschulen." Letzte Aktualisierung 15.01.2025. https://ordnungderwissenschaft.de/category/jahrgaenge/jahrgang-2016/heft-03-2016/.

Kahneman, Daniel. *Schnelles Denken, langsames Denken*. 25. Auflage. Translated by Thorsten Schmidt. Siedler, 2019.

Kleist, Heinrich von. *Uber Die Allmahliche Verfertigung Der Gedanken Beim Reden*. SAGA Egmont, 1806.

Laloux, Frédéric. *Reinventing Organizations: Ein Leitfaden zur Gestaltung sinnstiftender Formen der Zusammenarbeit*. Unter Mitarbeit von Mike Kauschke. 1st ed. Franz Vahlen, 2015. https://ebookcentral.proquest.com/lib/kxp/detail.action?docID=6991080.

Leibnitz-Gemeinschaft. „Barrierefreiheit." Zuletzt geprüft am 19.01.2025. https://www.leibniz-gemeinschaft.de/footernavigation/barrierefreiheit.

Leibniz Universität Hannover. „Konfliktmanagement und Konfliktlösung." Letzte Aktualisierung 28.01.2025. https://www.zqs.uni-hannover.de/en/sk/seminare-workshops/seminare/seminare-detailseite/news/19025.

Louis Pasteur. „Louis Pasteur Université de Lille 1854–1857 dans les champs de l'observation le hasard ne favorise que les esprits préparés.", 1854. Zuletzt geprüft am 26.01.2025. https://innovationetserendipite.wordpress.com/2011/01/26/le-hasard-ne-favorise-que-les-esprits-prepares-pasteur/.

mediator-finden.de. „Mediatorenverzeichnis für Deutschland." Zuletzt geprüft am 19.01.2025. https://www.mediator-finden.de/.

Montada, Leo, und Elisabeth Kals. *Mediation: Psychologische Grundlagen und Perspektiven.* 3., überarbeitete und aktualisierte Aufl. Beltz, 2013. http://nbn-resolving.org/urn:nbn:de:bsz:31-epflicht-1124446.

Musil, Robert. *Der Mann ohne Eigenschaften: Roman; Aus dem Nachlaß.* Sonderausg., 15. Aufl. Hrsg. von Adolf Frisé./Gesammelte Werke/Robert Musil. Hrsg. von Adolf Frisé] 1,2. Reinbek: Rowohlt, 2013.

Nickerson, Raymond S. *Confirmation Bias: A Ubiquitous Phenomenon in Many Guises* 2., 1998. https://doi.org/10.1037/1089-2680.2.2.175. https://psycnet.apa.org/record/2018-70006-003.

Ombudsman für die Wissenschaft. „Jahresbericht des Ombudsgremiums 2023." Zuletzt geprüft am 09.01.2025. https://ombudsman-fuer-die-wissenschaft.de/category/ombudsman/jahresberichte/.

Ombusman für die Wissenschaft. „Aufgaben und Organisation." Zuletzt geprüft am 10.01.2025. https://ombudsman-fuer-die-wissenschaft.de/.

Püttmann, Vitus. *Führung in Hochschulen aus der Perspektive von Hochschulleitungen: Eine explorative Untersuchung einer Befragung von Präsident(inn)en und Rektor(inn)en deutscher Hochschulen.* Arbeitspapier Centrum für Hochschulentwicklung 173., 2013. Zuletzt geprüft am 28.01.2025. https://www.che.de/wp-content/uploads/upload/CHE_AP173_Fuehrung_in_Hochschulen.pdf.

Reckwitz, Andreas. *Verlust: Ein Grundproblem der Moderne.* Originalausgabe. Suhrkamp, 2024. https://www.perlentaucher.de/buch/andreas-reckwitz/verlust.html.

Richard P. Feynman. „Cargo Cult Science: Some remarks on science, pseudoscience and learning how to not fool yourself." *Engineering and Science*, Volume XXXVII, Number 7 (1974): 12. Zuletzt geprüft am 30.01.2025. https://calteches.library.caltech.edu/51/1/ES37.7.1974.pdf.

Rosenberg, Marshall B., und Deepak Chopra. *Nonviolent communication: A language of life empathy, collaboration, authenticity, freedom.* 3rd edition. PuddleDancer Press, 2015.

Sackett, D. L. „Bias in analytic research." *Journal of chronic diseases* 32, 1-2 (1979): 51–63. https://doi.org/10.1016/0021-9681(79)90012-2.

Schmidt, Olaf. „Wissensmanagement in der Norm ISO 9001:2015: Praktische Orientierung für Qualitätsmanagementverantwortliche.", 2016. Zuletzt geprüft am 07.02.2025. https://www.gfwm.de/wp-content/uploads/2016/05/Praktische_Orientierung_fuer_Qualitaetsmanagementverantwortliche_GfWM_DGQ.pdf.

Schulz von Thun, Friedemann. *Miteinander reden 4: Fragen und Antworten.* Unter Mitarbeit von Karen Zoller. Miteinander reden 4. Rowohlt e-Book, 2018. https://epflicht.ub.uni-kiel.de/s/ZwAIeoVTF5wojZgU.

Schulz von Thun, Friedemann, und Wibke Stegemann, Hrsg. *Das Innere Team in Aktion: Praktische Arbeit mit dem Modell.* Rororo Miteinander reden. Rowohlt Verlag, 2025. https://epub.sub.uni-hamburg.de/epub/volltexte/einzelplatz/2024/180039/.

Siegenfeld, Alexander F., und Yaneer Bar-Yam. „An Introduction to Complex Systems Science and Its Applications." *Complexity* 2020 (2020): 1–16. https://doi.org/10.1155/2020/6105872. http://arxiv.org/pdf/1912.05088.

Simundić, Ana-Maria. „Bias in research." *Biochemia medica* 23, Nr. 1 (2013): 12–15. https://doi.org/10.11613/bm.2013.003.

Taleb, Nassim Nicholas. *The black swan: The impact of the highly improbable.* Random House trade paperback edition. Incerto/Nassim Nicholas Taleb. Random House, 2016.

Techniker Krankenkasse. „Gesundheitsreport 2023 – Wie geht's Deutschlands Studierenden.", 2023. Zuletzt geprüft am 26.01.2025. https://www.tk.de/resource/blob/2149886/e5bb2564c786aedb3979588fe64a8f39/2023-tk-gesundheitsreport-data.pdf.

TH Köln. „Forschungsstelle für Wirtschaftsmediation und Verhandlung." Zuletzt geprüft am 20.01.2025. https://www.th-koeln.de/wirtschafts-und-rechtswissenschaften/forschungsstelle-fuer-wirtschaftsmediation-und-verhandlung_49131.php.

Tries, Joachim, und Rüdiger Reinhardt, Hrsg. *Konflikt- und Verhandlungsmanagement: Konflikte konstruktiv nutzen.* Springer, 2008.

Tschannen-Moran, Bob, und Megan Tschannen-Moran. *Evocative coaching transforming schools one conversation at a time.* 1 online resource. Jossey-Bass, 2013. http://rbdigital.oneclickdigital.com.

Tyler Vigen. „Spurious Correlations." Letzte Aktualisierung 14.04.2025. https://www.tylervigen.com/spurious-correlations.

Uni Mannheim. „Beratung im Konfliktfall." Zuletzt geprüft am 19.01.2025. https://www.uni-mannheim.de/forschung/promotion/beratung-und-service/beratung-im-konfliktfall/.

Universität Bielefeld. „Bielefelder Fragebogen – Universität Bielefeld." Letzte Aktualisierung 04.12.2024. https://www.uni-bielefeld.de/verwaltung/dezernat-p-o/gesundheitsmanagement/bielefelder-fragebogen/index.xml.

Universität Freiburg. „Hilfe bei Krisen und Konflikten." Zuletzt geprüft am 19.01.2025. https://www.frs.uni-freiburg.de/de/iga/beratung/hilfe-krisen-konflikte.

Universität Hamburg. „Konfliktberatung und Mediation." Zuletzt geprüft am 20.01.2025. https://www.zfw.uni-hamburg.de/weiterbildung/gesundheit-psychologie-kriminologie/konfliktberatung-mediation.html.

Universität Leipzig. „Schlichtung von Konflikten." Zuletzt geprüft am 19.01.2025. https://www.uni-leipzig.de/forschung/wissenschaftliche-integritaet/schlichtung-von-konflikten?.

Universität Potsdam. „Mediation – Weiterbildendes Zertifikatsstudium an der Juristischen Fakultät." Zuletzt geprüft am 20.01.2025. https://www.uni-potsdam.de/de/mediation/.

Ursula Müller, Ewald Scherm, Marcel de Schrevel, und Markus Zilles. „Strategisches Universitäts- Management: Erste Ergebnisse einer Vollerhebung deutscher Universitätsleitungen.". Zuletzt geprüft am 28.01.2025. https://www.fernuni-hagen.de/scherm/docs/arbeitsbericht_23_neu.pdf.

Walpuski, Volker. „Konfliktmanagement und Meditation an Hochschulen.", 2012. Zuletzt geprüft am 24.01.2025. https://his-he.de/fileadmin/user_upload/Publikationen/Projektberichte_alte_Website/Dokumentation_2011-12.pdf.

Werth, Lioba, Anna Steidle, Isabell M. Welpe, und Michael Hoch. *Personal in Hochschule und Wissenschaft professionell führen.* Deutscher Hochschulverband, 2021.

William C. Warters. „The History of Campus Mediation Systems: Research and Practice." *Georgia State University College of Law,* 1999. Zuletzt geprüft am 24.01.2025. https://readingroom.law.gsu.edu/cgi/viewcontent.cgi?article=1005&context=seedgrant.